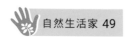
自然生活家 49

苔療癒！ 魅せる苔テラリウムの作り方

苔蘚生態瓶 diy

晨星出版

前言

每當我靠近苔蘚仔細觀察，映入眼中的就像是一片無邊無際的小森林，讓我興起「想漫步其中」的念頭。我經常一邊端詳巴掌大的苔蘚生態瓶，一邊這樣思考。

在前作《室內新綠寵　我的玻璃罐苔蘚小森林》裡，我著重介紹不同苔蘚的種植方法、遇到問題時的解決方法，以及第一次挑戰苔蘚生態瓶就上手的要點。在這本續作中，我把重點放在苔蘚附生與造景配置等技巧，毫不藏私地分享讓苔蘚生態瓶更迷人的祕訣。

在森林裡觀察野生苔蘚時，我發現它們多半生長在巨岩或倒木上，這啟發我以「附生」的手法，重現苔蘚附著於岩石或枯木上的風姿。

本書介紹的附生法，是一種巧妙利用苔蘚自身的力量，讓苔蘚在石頭等介質上生長的技巧。隨著時間流逝，等苔蘚的假根牢牢攀附在石頭表面後，完成的附生作品將更貼近自然的樣貌。只要利用這種附生技巧製作苔蘚生態瓶，就能讓作品更添深度與層次，打造迷人又「可愛的苔蘚生態瓶」。

在石頭上萌芽的苔蘚十分討喜，日益茁壯後的模樣更吸引人。由於苔蘚生長得相當緩慢，在它們蓬勃生長前敬請耐心守候。

道草 michikusa 石河英作

contents

章
附生栽培
苔蘚生態瓶！

不同苔蘚的作法、種植方法
附生栽培苔蘚

● 本書中介紹的苔蘚名稱為一般通用的俗名，有時和正式學名有別。

● 建議的澆水頻率僅供參考，請根據生態瓶中的乾燥程度進行調整。

● 第1章與 p.92 ～ 93 裡用☆表示附生方法、苔蘚生態瓶的培育容易程度以及取得（購買）的容易程
度，敬請理解實際情況依季節、地點與環境而異。

● 國立、國家公園中的特別保護區內禁止採集動、植物。此外，切勿在他人所有地內強行採集苔蘚，
或過度濫採大自然中的野生苔蘚。

什麼是苔蘚生態瓶

近年來，苔蘚生態瓶除了是各地手工藝教室的課程主題，
也常在雜貨商品店現蹤，甚至屢屢成為媒體報導的對象。
歸根究柢，到底什麼是苔蘚生態瓶呢？
還有，為什麼苔蘚可以在生態瓶裡生長呢？

所謂的生態瓶

生態瓶的英文源自拉丁文，是融合「terra
＝大地、陸地」和「arium ＝相關的、為了～
的地方」的造詞，泛指在玻璃等可以透光的
密閉容器內，培育陸地生物的方法。由於水
分會在密閉容器內循環，因此就算長時間沒
有澆水，植物也得以生長。為方便理解，我
們可以把它想像成一個小型的溫室。本書著
重在苔蘚生態瓶的解說上，但廣義而言，養
育昆蟲或青蛙等陸上生物，也包含在生態瓶
的範疇內。

生態瓶的起源

19 世紀時歐洲的植物獵人（為了尋找有用
的植物和新品種觀葉植物，在全世界探索
的人們）會使用玻璃製的「華德箱」，帶
回遠自亞洲和南美洲採集的植物，據傳這就
是生態瓶的起源。「華德箱」是由倫敦的
Nathaniel Bagshaw Ward 醫師，利用密閉
空間內水分循環的原理設計的，既可以解決
植物缺水的問題，又能避免鹽害。其後，華
德箱也從商業用途，隨著倫敦的蕨類植物熱
潮普及至一般家庭。當時的倫敦正歷經工業
革命，因此深受空氣汙染危害，人們難以在
室外從事園藝，在室內也由於日照不足，使
可以栽種的植物種類受限。玻璃生態瓶或許
就是在這樣的時空背景下才開始流行。

本書的主角
「苔蘚生態瓶」

生態瓶在世界各地逐漸流行起來，可依用途
搭配不同容器與栽培方法。近年來也衍生出
各種類型與分支，如重現熱帶雨林場景的
「沼澤缸」，以及同時養育動、植物的「生
態缸」等。本書介紹的「苔蘚生態瓶」大多
使用附蓋子的容器，讓苔蘚可以在穩定的溼
度下生長。當然也有不蓋蓋子的培育方法，
雖然比較難維持溼度，但有些品種的苔蘚在
沒有蓋子容器內反而有利生長，這時我會特
別註明「無蓋容器」。

苔蘚喜歡
潮溼的空氣

生態瓶內的環境很潮溼，和喜歡溼潤的苔蘚
一拍即合，因此很適合放置在室內養育。就
連在室內養不活苔球或苔蘚盆栽的人，只要
轉戰苔蘚生態瓶，應該都可以上手。
然而，並不見得所有苔蘚都適用生態瓶栽
培，有的品種適合，有的不適合。因此若
是種植苔蘚的新手，建議挑選適合生態瓶
的品種，才是成功的不二法門喔。（請參考
p.92 ～ 93）

什麼是「附生」

有些野生植物會附著在木頭或岩石上，
而透過人為技巧讓它們攀附於木材或石頭上生長的方法，就稱為「附生」。
這種方法和盆栽植物最大的差異，在於能讓植物更貼近野生的風貌，因此廣受歡迎。
雖然植物的附生要花上一段時間，但只要學會此技巧，
就能在製作苔蘚生態瓶時充分派上用場，讓作品變得更迷人可愛。

重現野生風貌

當我踏入森林時，常發現比起土壤，苔蘚更傾向生長於岩石或倒木上。相信大家走在街上，應該也常常在水泥磚牆或石牆上看到苔蘚的蹤跡吧。

把苔蘚附著在非土壤介質生長的風景，用人為方法重現的技巧，就稱為「附生」。除了苔蘚以外，還有蘭花、空氣鳳梨、鹿角蕨等，都是可以附生的植物。它們在野外也會附著在木頭上，因此被許多愛好者拿來附生在漂流木等介質上賞玩，在世界各地蔚為風潮。

在岩石上生長的苔蘚。

附生的蘭花。　附生在水泥石磚上的苔蘚。

以苔蘚本身的
力量附生

有許多方法可以讓苔蘚附生於石頭上，例如以市售接著劑或黏性土質黏貼，或以釣線綑綁等手法達成。這些方法雖然簡單，卻不是用苔蘚本身的力量（假根的力量）附生，因此成品讓人感到不自然。

本書介紹的附生技巧，是活用苔蘚的特性，讓苔蘚在石頭上再生，並以假根牢牢地附著在表面的方法，藉此我們可以欣賞到苔蘚更自然的風采。

撒上苔蘚的部分組織並再生。

擺在大自然裡也毫不突兀的作品。

附生有什麼魅力？

活用附生的技巧後，就能在瓶中營造綠意盎然的風景，和土壤栽培的生態瓶相比更富有深度。

經苔蘚附生的石頭也很好取出，不但便於靠近觀察，在容器外也更容易修整，讓人愛不釋手。只要在外面待的時間不長，苔蘚就不會過於乾燥或受傷，建議可以經常拿出來賞玩喔！

- -

悉心栽培到
成長茁壯

附生造景和常見的苔蘚生態瓶不同，從製作到長得美觀茂密，整體需時近半年。雖然無法馬上欣賞成品，但看著小小的苔蘚在石頭上萌芽，以及觀察它日益成長的模樣，都是唯有附生栽培才能領略的箇中趣味。

為了讓成品看起來歷久彌新，適度地修剪（剪枝）和打理是必要的。整個體驗始於最初對成品的想像，到幾個月後苔蘚附生完成，以至後續的定期修整，和種植盆栽的樂趣大同小異。

苔蘚生態瓶的基本作法

用鑷子夾取苔蘚後栽種於玻璃容器內,即可完成基本的苔蘚生態瓶。
大燄苔的生命力旺盛,很推薦用生態瓶栽培。以下用大燄苔說明生態瓶常保美觀的祕訣。

準備用品

材料 大燄苔 / 附蓋容器(直徑8 x 高 11cm)
/ 用土(以赤玉土、富士砂、碳化稻殼※混合而
成)

工具 剪刀 / 鑷子 / 擠壓式澆水器 / 噴霧瓶

※ 燻製稻殼後的碳化物

詳細過程請
參考影片!

作法

1 將苔蘚清潔乾淨

把大燄苔分成小撮以利鑷子夾
取,並仔細地挑除附著於下半
部的垃圾和枯葉。為了避免生
態瓶發霉,切記在種植前清潔
乾淨,以及防止苔蘚以外的垃
圾跑進去。

2 調整長度

若苔蘚相對容器而言過高,可
以剪去苔蘚的老舊部分(下方
褐色的莖葉處)做調整。由於
苔蘚植物沒有根,所以即使剪
掉該部位也不影響生長。修剪
時建議保留一定長度,以利植
入土裡。

3 澆溼土壤

在玻璃容器裡加入高度約 2cm 的土,最多 4 ～ 5cm 高。接著以擠壓式澆水器澆到土壤完全溼透。底部溼透後,土壤就會變得更緻密,更有利栽種。建議考慮苔蘚品種與容器的深度,依整體平衡適度調整用土量。

4 扦插栽種

以鑷子沿著苔蘚的莖夾取,將苔蘚筆直地插入土中。這裡的重點是用扦插法植入,以及讓苔蘚和土壤保持垂直。

5 慢慢地拔出鑷子

用指尖輕輕地按壓苔蘚上方,同時緩慢地取出鑷子。雖然要重複好幾次一樣的作業,但唯有一株一株地植入,才能讓成品更美觀。

6 用噴霧瓶澆水

最後以噴霧瓶澆溼苔蘚整體,再蓋上蓋子就完成了。若將容器內部種滿苔蘚,會讓人感到很侷促,因此建議栽種在中心位置,周圍和容器預留約 5mm 的距離,看起來就很賞心悅目。

基本打理方法

苔蘚生態瓶吸引人的地方，在於它打理起來毫不費力。

只要適時換氣與修剪，就能讓它的美歷久不衰，也不易導致發霉或枯萎等問題。

以下介紹讓苔蘚常保美觀與可看性的打理方法。

擺放地點

無陽光直射，
但光線充足的室內

苔蘚生態瓶要擺在明亮的室內培育。如果放在窗戶附近，直射的陽光可能導致容器內過熱，因此不可不慎。另外，若放在沒有窗的暗房裡，苔蘚則可能因為無法行光合作用而衰弱。室內的光線至少要亮到足以讓人閱讀小型文庫本或報紙，且1天維持8小時（可參考p.46、73）。

澆水

以噴霧瓶澆溼

建議每2～3星期用噴霧瓶澆一次水，每次都要噴到苔蘚完全溼透為止。若土壤乾燥了，可以使用擠壓式澆水器補充水分，讓土常保溼潤。但如果澆到底部積水，反而會導致苔蘚受傷，因此切記不要澆過頭喔。

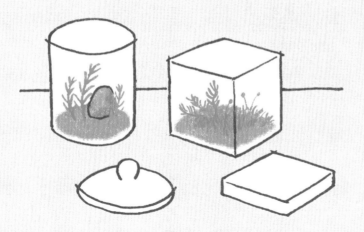

換氣

更換新鮮空氣，讓苔蘚成長茁壯

生態瓶內是密閉的特殊環境，若容器氣密性過高，可能導致苔蘚長得纖弱。建議經常打開蓋子換氣（1天1次約5分鐘），空氣循環後，苔蘚會長得更健康。選用高氣密性的容器種植苔蘚時，記得定期換氣喔。

觀葉植物用液體肥料　　家庭園藝用殺菌劑

肥料、藥劑

春、秋兩季時用噴霧瓶施液體肥料

苔蘚只需要靠些許營養就能生存，但若在生態瓶這種密閉空間裡培育，有時候仍會營養不良。建議在春、秋這兩個生長季節，照一定比例稀釋觀葉植物用的液體肥料，再以噴霧瓶施肥。另外，發霉時也可使用家庭園藝殺菌劑處理。（參考 p.44 的發霉對策和 p.47 的肥料）。

修整

幫苔蘚剪枝以常保清潔

當苔蘚愈長愈長時，可以剪枝調整高度。切記不要過度修剪至光禿狀，保留少許葉子會更容易長出新葉。另外，褐色的地方表示已枯萎，請於修剪後直接取出。適度地修剪除了可以保持容器內的清潔，還能促進新芽的生長（參考 p.39）。

什麼是苔蘚？

苔蘚雖然無所不在，人們卻意外地對它一無所知。它們和其他植物同伴都會行光合作用，
但彼此之間有什麼差別呢？
了解苔蘚的基本構造和繁殖方法等知識，在製作生態瓶時也能派上用場。

苔蘚的基本構造

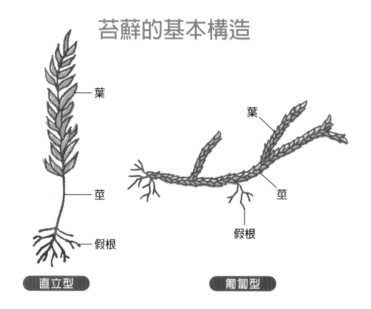

葉

葉

莖

莖

假根

假根

直立型

匍匐型

葉、莖、假根

苔蘚大致上可以分成兩種，一種是茂密的直立型，一種是爬行的匍匐型。雖然小到幾乎看不見，但苔蘚其實有葉和莖，只是不具備一般植物的根和維管束 ＊。因此，水分會經由莖和葉直接被苔蘚的細胞攝取，並透過從莖長出的假根，將身體牢牢固定在岩石或木頭等介質上。

※ 維管束：輸送水和養分的器官。

苔蘚的繁殖方法

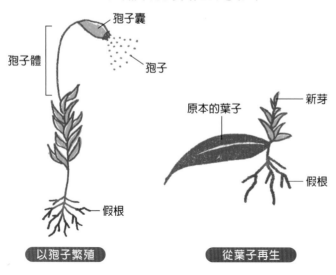

孢子囊

孢子體

孢子

原本的葉子

新芽

假根

假根

以孢子繁殖

從葉子再生

以孢子繁殖、
從葉子再生

苔蘚不會開花，而是以孢子繁衍後代。孢子囊連接在孢子體前端，包覆了無數個細小的孢子，可藉由風等媒介擴大自己的生長範圍。除了可以用孢子進行有性生殖外，像庭園白髮苔等苔蘚品種也能透過小小的 1 片葉子從自體再生，以營養器官繁殖的方式長出自己的複製體（無性芽）。

1章

附生栽培
苔蘚生態瓶！

附生栽培苔蘚01

珠苔 [珠苔科]

附生方法：播撒（剪碎的莖葉）　附生容易度：★★★★★　栽培容易度：★★★★

珠苔是很好附生的一種苔蘚，溫暖的淺色備受歡迎，很推薦新手嘗試。
它會從石頭上冒出許多可愛的小芽，
長滿後就像滿天的星星一樣，看起來非常奪目。
珠苔較不耐酷暑，更適合在冬天生長，
建議放在陰涼處好好照顧喔。

準備用品

材料	珠苔 / 溶岩石 / 方形容器（長8 x 寬8 x 高7cm）/ 河砂
工具	剪刀 / 鑷子 / 噴霧瓶

詳細過程請
參考影片！

事前準備

準備溶岩石或輕石，或其他表面有凹凸紋理且好浸溼的石頭，泡在水中約 5 ～ 10 分鐘直至完全浸透。

※ 和 p.19 ～ 33 的作法相同。

作法

1 把葉子剪碎

取出一小撮珠苔後，以剪刀將葉片剪成 2 ～ 4mm 的大小（稍微乾燥後會更容易剪碎）。剪完後僅使用綠葉的部分即可，無須放入苔蘚下面的褐色部位。

2 剪成相同大小

儘量把葉子剪成相同大小，發芽後才會長得比較一致，成品也更美觀。若把葉子剪得細小會長出小小的新芽，剪成大片則會長成較大的新芽。

3 撒上苔蘚

以鑷子夾取剪碎的苔蘚，一點一點地撒在石頭上面。建議不要撒滿整個石頭表面，而是集中撒在目標的附生範圍。

4 完成

把撒好苔葉的石頭放進鋪上砂石的玻璃容器中，並經常用噴霧瓶噴水，讓石頭保持溼潤。2～3個月後，小小的珠苔就會開始發芽了。

大燄苔 [檜苔科]

附生方法：綑綁（莖）、播撒（剪碎的莖）　附生容易度：★★★★★　栽培容易度：★★★★★

就像長在石頭上的
小樹一樣充滿趣味

大燄苔的魅力之一，
在於發芽過程的樣貌變化相當引人入勝。
只要照著自己的喜好適時修整，
就能享受和種植盆栽一樣的樂趣。
由於它生長快速、好附生且生命力旺盛，
是非常推薦新手嘗試的物種。

準備用品

材料	大燄苔 / 溶岩石 / 扁橡皮筋或橡皮筋 / 糖果罐等容器（口徑 **10** x 高 **16cm**） / 河砂
工具	剪刀 / 鑷子 / 噴霧瓶

詳細過程請
參考影片！

作法

1 把大燄苔一根一根拆開

用鑷子將整塊大燄苔一根根拆開後（如左圖），剪取綠色葉子以下的部分（如右圖）。

接下來只會使用褐色的莖部。
這是因為大燄苔只會從莖長出新芽，有綠色葉片的地方則不太會發芽。

2 用橡皮筋固定住

用橡皮筋（右圖）把大燄苔的莖牢牢地綁在石頭上的目標區域（左圖）。訣竅是讓它們水平排列，彼此不重疊。

以假根的力量附生

苔蘚透過假根把植物體固定在石頭上，盤根錯節後就像墊子一樣，具有蓄水功能。

3 完成

大約 1 ～ 2 個月後就會開始發芽，待長到新葉舒展開時，就代表已經附生完成。此時即可取下橡皮筋，放到容器裡面打理。

BEFORE

AFTER
（約 2 個月後）

① ② ③

依附著手法產生不同的發芽形式

❶即為上述步驟 1 ～ 3 介紹的附生方法，僅綁上莖部就能長出好幾株小芽。

❷把莖連同葉子一起綑綁，並剪去葉子前緣的生長點。這個方法長出的芽較少，但很粗壯。

❸把莖剪成 2 ～ 3mm 的大小後播撒在石頭上。雖然發芽時間較久，但會長出許多小巧可愛的新芽。

附 生 栽 培 苔 蘚 03

庭園白髮苔 [白髮苔科]

附生方法：播撒（撕下的葉片）　附生容易度：★★★★　栽培容易度：★★★★★

在石頭上密集生長,
可愛的模樣大受歡迎

庭園白髮苔為堅硬的石頭賦予一種蓬鬆的柔軟感。
它的生長緩慢,因此得花不少時間等待附生完成,
觀察苔蘚從一片片葉子新生,再於石頭上長成一片的模樣,
真的十分可愛。

準備用品

材料 庭園白髮苔 / 溶岩石 / 方形容器(長8 x 寬
8 x 高7cm) / 河砂
工具 剪刀 / 鑷子 / 噴霧瓶

 詳細過程請
參考影片!

作法

1 夾取1小株

從塊狀的庭園白髮苔中,用鑷子
夾取 1 株。

2 撕下葉片

用鑷子夾住葉片往根部拉扯,從
莖上一片一片撕下來。

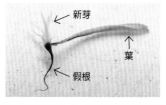

葉

新芽

葉

假根

從撕下的葉片上長出假根和新芽

葉子被一片一片撕下後(上圖),會
從尖端長出新芽和假根(下圖)。

如果剪得和珠苔(p.16)一樣細
碎則較不易發芽,因此建議直接
以撕下的葉片播撒。

3 撒在石頭上

把葉子撒在石頭表面,並重點集
中在目標區域。

4 完成

約 2 ~ 3 個月後就會開始長出
新芽。一開始的發芽期特別花時
間,整體變化也不顯眼,得耐心
守候。

附 生 栽 培 苔 蘚 04

緣邊走燈苔 [提燈苔科]

附生方法：綑綁（整株）、播撒（剪碎的莖）　附生容易度：★★★★★　栽培容易度：★★★★★

它們匍匐生長的特性有利附生，
推薦放在大型石頭上悉心培育。

緣邊走燈苔生長快速，栽培時若長到超出石頭外緣，
建議適度修整。用噴霧瓶澆水後，
水珠會逗留在苔蘚上閃閃發光，相當具有可看性。

準備用品

| 材料 | 緣邊走燈苔 / 溶岩石 / 扁橡皮筋或橡皮筋 / 玻璃培養皿（直徑9 × 高9cm）/ 河砂 |
| 工具 | 剪刀 / 鑷子 / 噴霧瓶 |

 詳細過程請
參考影片！

作法

1 撕開苔蘚

從塊狀的緣邊走燈苔上撕取一小
塊下來。

2 剪除根部

把苔蘚底部的褐色部位和沾黏垃
圾的地方剪掉，只取用綠色部
分。

假根

緣邊走燈苔的莖只要接觸到東西，
就會從下方長出假根。我們即是利
用這個特性讓它附生在石頭上。

3 置於石頭上

把苔蘚放到石頭上的目標生長區
域，用手指按壓固定。由於它會
橫向生長，因此要想像一下生長
後的樣子來預留空間。

4 以橡皮筋固定

用扁橡皮筋把苔蘚固定在石頭
上。記得要讓它貼緊石頭表面，
不要有任何懸空。

5 完成

幾星期後，它就會長出假根並開
始附生。待過 1 ～ 2 個月長出新
芽，即可取下橡皮筋。

附 生 栽 培 苔 蘚 05
大鳳尾苔
[鳳尾苔科]

附生方法：綑綁（莖）、播撒（剪碎的莖）
附生容易度：★★★★★　**栽培容易度**：★★★★★

完成品就像無數根長在石頭上的羽毛。
由於它容易附生又健壯，因此很推薦新手嘗試。

作法與要點

大鳳尾苔和大燄苔（p.19）一樣，會從莖部長出許
多新芽。首先將大鳳尾苔帶葉的莖並排，再用橡皮
筋固定在石頭上。只要稍微剪去苔蘚尖端的生長
點，新芽就會發展得很順利。大鳳尾苔約於 2 ～ 3
個月後開始發芽，待看到新葉成長茁壯後就可以取
下橡皮筋了。

AFTER

BEFORE

AFTER

BEFORE

附 生 栽 培 苔 蘚 06
東亞孔雀苔
[孔雀苔科]

附生方法：綑綁（整株）
附生容易度：★★★★　**栽培容易度**：★★★

這種苔蘚的葉子雖然小，但展開時就像扇子一
樣美麗。附生後其扇葉會接二連三地開屏，看
起來非常壯觀。建議可以讓它附生在石頭的側
面，重現野生的風姿。

作法與要點

把匍匐的根用橡皮筋綁在石頭上，不要壓到葉子，
並對齊苔蘚的上下緣。當莖生長的同時，假根也將
長出來附生，接著才會長出新葉。它要花一段時間
才能牢牢地附生在石頭上，因此在長出新葉前得耐
心養護。

附生栽培苔蘚 07
大葉苔
[真苔科]

附生方法：綑綁（整株、莖）
附生容易度：★★★　栽培容易度：★★

大葉苔的葉子如撐開的雨傘，看起來就像在石頭上綻放的花朵。它的栽培難度較高，但等到新芽展葉時絕對令人喜出望外。以下介紹2種附生方法。

方法1 作法與要點

把整株大葉苔用橡皮筋綁在石頭上，固定 2 個月左右即完成附生。由於原生的傘狀葉也能存活，因此馬上就能欣賞到個性十足的風姿。

方法2 作法與要點

把剪成片段的莖用橡皮筋和石頭綑綁在一起。雖然得等一段時間才能看到新葉萌芽，但只要將它綁在石頭的各個部位，就能做出更自然的作品。用這個方法可以一次催生出許多新芽。

方法1 AFTER
BEFORE
BEFORE
方法2

AFTER
BEFORE
方法1

附生栽培苔蘚 08
東亞萬年苔
[萬年苔科]

附生方法：綑綁（整株、莖）
附生容易度：★★★　栽培容易度：★★

東亞萬年苔是大型的苔蘚品種，附生後的成品兼具動態感與震撼力。若把它做成大型作品，就更能凸顯東亞萬年苔的獨特魅力。

方法1 作法與要點

把整株東亞萬年苔綁到石頭上，大約固定 2 個月就會開始附生。由於苔蘚本身較重，在尚未完全附生時容易從石頭上剝落，因此建議等長出新芽且牢牢攀附後，再將橡皮筋取下較佳。

方法2 作法與要點

只取莖部用橡皮筋綁到石頭上，約 2～3 個月左右就會發芽並附生。

方法2

AFTER

BEFORE

附生栽培苔蘚 09

小金髮苔 [金髮苔科]

附生方法：綑綁（莖）
附生容易度：★★★　　栽培容易度：★★★

作法與要點

附生後的小金髮苔看起來就像從石頭上長出的小樹一樣，彼此相映成趣。只要剪去苔蘚的前端部位，並把莖部用橡皮筋綁在石頭上，約 2 個月後就能看到新芽。它要花一段時間才能附生得穩固，需耐心等候（作法請參考 p.20）。

附生栽培苔蘚 10

疣葉白髮苔 [白髮苔科]

附生方法：播撒（撕下的葉片）
附生容易度：★★★★　　栽培容易度：★★★★

作法與要點

首先將葉子一片片撕下，並把撕下的葉瓣撒在石頭上，約 2～3 個月後就會發芽、附生。疣葉白髮苔比庭園白髮苔大一圈，綠綠的葉緣帶點白色，長成群落後會為石頭妝點出柔和的氛圍（作法請參考 p.23）。

AFTER

BEFORE

AFTER

BEFORE

附生栽培苔蘚 11

節莖曲柄苔 [曲尾苔科]

附生方法：播撒（剪碎的葉）
附生容易度：★★★★★　　栽培容易度：★★★★

作法與要點

將剪碎的節莖曲柄苔撒在石頭上，約過 2～3 個月後就會開始發新芽，生長速度比珠苔稍慢。它濃綠色的苔葉跟天鵝絨一樣柔軟，用指尖輕觸的感覺很舒服。

AFTER

BEFORE

鞭蘚會從鞭狀的枝條前端長出假根附生。

鞭蘚 [指葉蘚科]

附生方法：放置（整株）
附生容易度：★★　　栽培容易度：★★★★

作法與要點

它的葉子如鱗片般排列，配上從內側長出的鞭狀枝條，整體充滿特色。鞭蘚會從細長的枝條前端長出假根附生，因此在輕輕地放上去之前，記得先調整它的角度，以利新長出的枝幹可以碰到石頭。由於它只靠枝條前端附生，因此附著的力量並不強。

地錢 [地錢科]

附生方法：綑綁（整株）
附生容易度：★★★　　栽培容易度：★★★

作法與要點

先仔細洗清附著在假根上的髒汙，再以橡皮筋綁上石頭固定。培育時須使用剛長出的年輕部位，放置於無蓋容器內，並澆水到稍微積一點水，過幾天後就會長出假根附生了。由於地錢生長速度極快，所以須固定在石頭上的時間很短。

AFTER

BEFORE

AFTER

BEFORE

蛇蘚和地錢會長出許多漂亮的白色假根，並密集地附生。

蛇蘚 [蛇蘚科]

附生方法：綑綁（整株）
附生容易度：★★★　　栽培容易度：★★★

作法與要點

蛇蘚覆滿鱗片的獨特模樣，就像盤踞在石頭上的蛇一樣。首先把它身上的髒汙仔細清除，再用橡皮筋固定，過幾天就會長出附生用的假根了。把蛇蘚放置於無蓋容器內，澆水到稍微積一點水再進行培育。

 2種組合

大燄苔＋珠苔

大燄苔

珠苔

組合不同大小的苔蘚，
細細品味它們在石頭上充滿綠意的美景吧

把不同種類的苔蘚附生在同一顆石頭上，
看起來自然且充滿野趣。
試著以高低不同的大燄苔和珠苔，
在小石頭上打造錯落有致的作品吧。

```
準備用品
材料 大燄苔、珠苔 / 溶岩石 / 扁橡皮筋等 / 高
玻璃培養皿（直徑6 x 高9cm）/ 河砂
工具 剪刀 / 鑷子 / 噴霧瓶
```

作法

像小樹的大燄苔，與周圍的珠苔新芽，在石頭上自成一片小小森林。

1 固定大燄苔

把大燄苔剪去葉子後，
將莖部並排，再用橡皮
筋牢牢固定在石頭上。
這個作品需要綑綁和播
撒，建議依序先綑綁再
播撒，成品看起來會比
較自然。

2 撒上珠苔

把珠苔的葉子剪成2～4mm後撒到石頭上。
只要把它撒在大燄苔的莖旁，看起來就像小
小的珠苔，依偎著大燄苔生長一樣。

3 完成

記得不要把苔蘚覆蓋在整個石頭上，而是把
它們集中在一個目標區域內，苔蘚就能附生
得密集又好看。要長成像左頁圖片的程度，
得花 4 個月左右。

4 種 組 合

大燄苔＋緣邊走燈苔＋珠苔 ＋節莖曲柄苔

緣邊走燈苔

大燄苔

珠苔

節莖曲柄苔

自由組合各種不同的苔蘚，
打造更進階的附生作品

只要選大一點的石頭來附生各種苔蘚，
成品就會富有層次。
首先想像苔蘚生長幾個月後的模樣，再於石頭上配置
材料，整個前置作業像盆栽造景一樣有趣。
在創作時，不妨用各種高度與角度的苔蘚，
巧妙地搭配看看吧。

準備用品

材料 大燄苔、緣邊走燈苔、珠苔、節莖曲柄苔／
溶岩石／扁橡皮筋／糖果罐（直徑10 x 高
16cm）／河砂

工具 剪刀／鑷子／噴霧瓶

作法

1 固定大燄苔

剪掉大燄苔的葉子後，把它的莖並排在石頭上，
再用橡皮筋牢牢地綁住。可配合附生區域，適度
地把莖剪短。

2 固定緣邊走燈苔

取緣邊走燈苔的綠色部分放於石頭上，用橡皮筋
綁住。這種苔蘚會橫著長，因此要為生長區域預
留空間。

3 撒上珠苔、節莖曲柄苔

將珠苔和節莖曲柄苔剪成 2～4mm 長，撒在石
頭上。

4 完成

製作時不要覆蓋到整個石頭表面，適度留白才能
讓成品更具觀賞性。

可附著的介質狂想

附生於各種介質上

紅色和黑色的溶岩石

黑色的溶岩石散發自然穩重氛圍，讓成品彷彿置身森林裡，且表面布滿苔蘚。

紅色的溶岩石可以彰顯苔蘚的形與色，讓作品整體看起來更加明亮。

附生於石頭上

像溶岩石和輕石這種有孔洞且容易吸水的石頭，或是表面粗糙的石頭，都很適合苔蘚附生。
如果石頭表面過於光滑，將不利假根攀附，也就不適合苔蘚附生。
依附生石材的不同形狀和顏色，能讓苔蘚展現出不同樣貌。

2 輕石

輕石的表面粗糙，因此容易吸水，是適合苔蘚附生的材料。它的表面柔軟，使用前可以先切割或加工。

3 氣孔石

只要使用形貌特別的氣孔石，就能做出充滿個性的作品。它的表面粗糙有利於吸水，適合苔蘚附生。

4 輝板石

輝板石呈平板狀，若以高大的大燄苔附生，成品看起來就趣味橫生。它的表面平滑，因此較不易附生，建議在假根附生穩固之前儘量不要去動它。

附生於石頭以外的介質上

就算不是石頭，只要和石頭一樣表面富有凹凸的紋路，就可以視為容易附生的介質。
不論是天然素材還是人工素材，在打理時記得要留意它的保水性。

1 竹炭加工品

「eco-pochi」（エコポチ）是用竹
炭成型的加工品，因其多孔（有很
多微小的孔洞）的介質特性所以吸
水性佳，是假根容易攀附的材質，
很適合附生。由於它是人工素材，
因此可以體驗苔蘚覆蓋在球體、圓
柱體、立方體等立體結構上的附生
樂趣。

2 磁磚

像磁磚這種人工材料，只要表面有做過粗糙化的加工處理，苔蘚就能附生。但由於假根可以抓附的空間仍不足，因此建議在完全附生前儘量不要動它。

3 樹脂材料

若讓苔蘚附生在樹脂做成的物品上，就能碰撞出多采多姿的可能。由於它較不保水，因此建議把赤玉土搗成粉後摻水，薄薄地塗一層在表面，較有利附生。照片左側是塗上赤玉土後附生的結果，右邊則是讓苔蘚直接附生在樹脂物件表面的樣子。

4 軟木樹皮

軟木樹皮和漂流木相較之下不易發霉，且表面凹凸的紋理適合苔蘚附生。其柔軟的特性利於加工，若想表現苔蘚生長在樹木或倒木上的風姿，就能加以利用與表現。

附生苔蘚生態瓶的養護

從人為把苔蘚貼上介質開始，得花上一段時間才能附生完成。

好不容易才完成的作品，若無法常保美觀豈不可惜。

以下說明苔蘚從附生前到長大後的養護方法。

附生前的養護

在附生用的石頭下鋪上砂礫或沙子

記得不要把附生用的石頭直接放入容器，而是先在下面鋪上砂礫或沙子。往後當砂礫中的水分蒸發時，就能讓容器內的環境保持溼潤，有利苔蘚生長。此外，就算砂礫髒掉也能輕易用水洗乾淨，打理起來相當簡便。

取下橡皮筋

在前置作業過了2～3個月後，等苔蘚的假根牢牢地抓附石頭上時（1），就能將固定用的橡皮筋取下。方法是避開苔蘚將橡皮筋剪斷（2），再慢慢地把它抽出（3）。如果硬將橡皮筋拉起來，可能連苔蘚也會跟著剝落，因此務必小心。把整顆苔蘚石泡在水中輕輕地搖晃，將未附生成功的苔蘚、髒汙或垃圾清除乾淨（4）。

生長後的養護

定期水洗、浸泡

雖然平常都是以噴霧方式澆水，但每個月可以將苔蘚泡到水裡 1 次，輕輕搖晃石頭後就能洗去上面的垃圾或髒汙。若能常保附生石頭的清潔，就能抑制藻類和黴菌孳生，而苔蘚只要附生得夠牢固，甚至用水沖洗都沒問題。

修剪過度生長的苔蘚

緣邊走燈苔會匍匐生長，這類苔蘚會不分東西南北地無限蔓延。如果苔蘚長到石頭外面，或是毫無方向性地恣意生長時，建議可隨時修剪調整形狀。剪下來的苔蘚可以當作附生或移植材料，因此剪完後還能享受繁殖苔蘚的樂趣。

修剪褐色部位的苔蘚

當苔蘚的葉緣變成茶褐色時就應剪掉，藉此促進新芽生長。因此發現變色的部位時，只要馬上修剪就能常保苔蘚美觀。至於變色的部分則難以再生，故無法當作附生材料使用。

苔蘚生態瓶、附生苔蘚生態瓶的共通打理方法

修剪 （剪枝）

當苔蘚長過頭時，不妨透過剪枝幫它重整門面吧。

像大燄苔或大鳳尾苔等物種，因為很快就能從莖部萌發新芽，所以即使剪枝也能再生地很漂亮。

以下使用大燄苔

1 剪枝

當苔蘚長得過於茂密時，建議果斷地把它剪短。以大燄苔的莖為例，最多剪到剩 1～2cm 左右的高度。因為低矮處可能有剛長出的新芽，為了避免誤剪，最好一株一株仔細修剪為佳。

2 剪枝完成後

剛剪完時可能會有點捨不得，但完成品看起來煥然一新。剪下來的苔蘚還能拿來當作扦插或附生的材料使用。

3 新芽的生長

剪枝後過 2～3 個月，新芽就會長回漂亮的狀態。如果一次進行大規模的修剪，看起來會有點光禿禿的，因此也可以分幾次或分階段做修整。

令人驚喜的附生蕨類和苔蘚

種植苔蘚生態瓶時，常常會不知道從哪自己冒出蕨類植物來。這是因為生態瓶內的環境也很適合蕨類繁衍，促使空氣中飄散的蕨類孢子在生態瓶中發芽生長，為整個作品增添意料之外的面貌。

疏苗

當苔蘚愈長愈密集，就要用鑷子疏苗以增加苔蘚間的空隙。
尤其是像庭園白髮苔、珠苔和疣葉白髮苔這種會長成塊狀的種類，
建議透過疏苗幫它們增加空間較好。

以下使用疣葉白髮苔 BEFORE

一株一株疏苗

用鑷子把苔蘚逐一拔起，增加
苔蘚之間的間隙。如果一次大
範圍地拔取，可能會害整片苔
蘚被連根拔起，因此要特別小
心。

AFTER

疏苗後

確定苔蘚之間增加留白的空隙
後就大功告成。被拔掉的苔蘚
可以用於播撒或扦插的材料。

增生方法（利用剪枝）

經苔蘚附生的石頭只要定期修整養護，即可常保觀賞性不衰。
由於少許的苔蘚就能拿來附生，因此可以善加利用被剪掉的苔蘚，賦予它們新生命。

以下使用大燄苔、庭園白髮苔和緣邊走燈苔等苔蘚

1 歷時約三年後的樣子

這個作品是附生了多種苔蘚的大型石頭。經過約三
年後整顆石頭都已經被覆蓋住，苔蘚們長到彼此交
疊在一起，變成厚厚的一塊。

2 以剪刀修整

將生長得太長或褐色的地方用剪刀修整，並將生長
過密的地方用鑷子局部拔除，以增加生長空間。

3 分類

從被剪下或拔掉的苔蘚中，把綠色和健康的部位集
中起來，可用於往後的附生作品。

4 完成

只要勤於修整與疏苗，就能維持附生苔石的美觀與
可看性。

把附生苔石放進作品裡

將附生完的苔蘚石放到苔蘚生態瓶裡，便可體驗組合作品的樂趣。只要在生態瓶中加入布滿苔蘚的石頭，就可以孕育出更深的層次。推薦您挑戰看看這種作法，讓成品錦上添花。

以下使用大燄苔、庭園白髮苔和緣邊走燈苔等苔蘚

1 配置附生苔石

首先在玻璃容器裡鋪上一層土，並參考自然風景，決定石頭的擺放位置（建議可以準備幾個相同種類但不同大小的石頭）。接著把石頭往下壓，直到部分埋入土裡。因為如果只是放在土壤表面將無法固定，所以必須把石頭下方埋進去才行。

2 加水

用擠壓式澆水器加水，讓容器底部的土都充分浸潤。記得一點一點地加進去以避免積水。

3 在石頭周圍扦插苔蘚

仔細清除苔蘚下面黏附的垃圾後，用鑷子夾取扦插進土裡。可以思考整體的協調感後，把不同大小的苔蘚（大燄苔、庭園白髮苔和緣邊走燈苔）個別配置在合適的地方。

4 完成

如果苔蘚塞滿整個容器，視覺上會感覺很侷促，因此建議在配置時適度留白。為了讓附生苔石看起來特別醒目，建議避免在近處植入過高的苔蘚。

學起來，好安心

栽培方法 Q&A

您「擔心它會不會發霉」或「不確定它是否耐熱」嗎？
在此為您解答栽培苔蘚生態瓶時可能遇到的各種疑難雜症。

從上面看　　　　從側面看

Q 發霉了該怎麼辦？

A 只要及早發現都還來的及，把黴菌清除乾淨吧！

苔蘚在發霉初期都還來得及處理，建議依發霉程度仔細清理乾淨。清除後再噴灑家庭園藝用的殺菌劑（如免賴得、甲基托布津等）會更有效果。等到黴菌布滿整個容器或苔蘚變成褐色時才發現就太遲了。建議平常時時觀察，及早發現至關重要。

處理方式依發霉程度而異

❶苔蘚的尖端發霉時

→將苔蘚發霉的部位全部剪掉（如右圖）

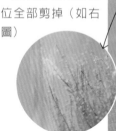

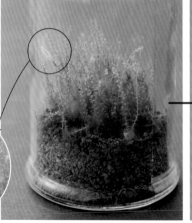

家庭園藝用殺菌劑

其他發霉型態

❷布滿棉絮般的黴菌時→用棉花棒仔細清除。

❸大範圍發霉時→把苔蘚從容器中取出，並用水將黴菌清洗乾淨。

Q 如何預防苔蘚發霉？

A 重點是維持環境整潔，把苔蘚照顧得充滿活力。

由於苔蘚植物本身具有抗菌能力，因此只要環境整潔且植株健康，就不會發霉。常保容器的清潔，把苔蘚養得健健康康的，就是預防發霉的不二法門。當有苔蘚以外的有機物在容器內，即有可能成為孳生黴菌的來源，因此在製作苔蘚生態瓶時小心不要讓枯葉或枯枝掉進去，製作前也要記得先把苔蘚仔細清理一番喔。

造成發霉的主因
● 太熱、太乾導致苔蘚受傷。
● 容器內混入了枯葉等的垃圾。

Q 莖上看起來白白的東西是發霉嗎？

A 那其實是苔蘚的假根。

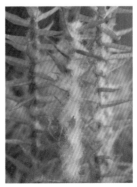

假根有時候會從莖中間長出來。因為顏色有白色也有褐色，所以乍看可能會誤以為發霉。一般發霉通常會長在苔蘚的葉緣或表面，且打開蓋子會聞到黴臭味。

Q 苔蘚有多耐熱呢？

A 理想的生長溫度以低於30℃為佳。
一旦超過35℃，有的種類甚至會枯死。

本書中介紹的苔蘚種類適合在10～25℃左右的溫度生長，只要超過30℃苔蘚就會生長遲緩，35℃以上時會開始受傷，甚至有些品種會枯死。因此，天熱時要儘量放置在陰涼處，若實在無法避免酷暑，也可以放到冰箱中讓它們避難一下，最多大概可以放三個星期左右。

如果沒有蓋蓋子就把容器放到冰箱裡，會導致苔蘚整個乾枯，因此記得套上夾鏈袋後再放入冰箱冷藏喔。

Q 苔蘚有多耐冷呢？

A 苔蘚雖然耐冷，卻不能冷到凍傷

因為苔蘚相當耐冷，所以只要小心不讓它凍傷就好。不過若待在溫暖的暖氣房裡，則可能導致容器內部聚熱，反而不利苔蘚生長。苔蘚在有點寒意的溫度環境下會充滿活力，但太冷了卻可能會凍傷，不可不慎。若苔蘚不小心凍傷時也不要試圖加溫解凍，在自然的溫度下緩慢解凍，可以降低對它的傷害。

Q 可以在缺乏光照的房間裡種植苔蘚嗎？

A NG。對苔蘚的生長而言，
光線是不可或缺的。

苔蘚會進行光合作用，因此光照是必不可少
的要素。雖然它們好像總生長在陰暗的角
落，但其實意外地喜歡明亮的環境，一旦光
照不足就會衰弱，除了長得比較瘦小外，
也容易導致發霉。苔蘚植物適合在 500 ～
2000 勒克斯（Lux）的光照下生長，至少要
是足以閱讀日本文庫本的光照環境。一天中
最好讓它們 8 小時處在明亮的環境裡，若放
在昏暗的房內，可以用 LED 燈等照明方式
補足它們的光照量。

Q 附著在玻璃容器上的白色汙漬要怎麼清除？

A 白色汙漬的成因是次氯酸鈣。
建議在噴完水後就把玻璃上的水滴擦拭乾淨。

玻璃表面的白色汙漬，是自來水裡次氯酸鈣的附著痕跡，只
要在每次噴完水的當下就把玻璃上的水滴擦乾淨，便可以防
止汙漬產生。當髒汙嚴重時，僅須以沾溼的防水砂紙（表面
粗糙度＃ 2000 以上）擦拭方可清潔乾淨，不過，若紙的表面
太粗糙可能會刮傷玻璃，因此要特別留意。

噴水後馬上擦拭容器內側的水滴，以防止汙
漬形成。

髒汙嚴重時，可使用表面粗糙度細緻（＃ 2000
以上）的防水砂紙擦拭。

白色汙漬的成因，來自水中的次氯酸鈣。

Q 有孳生蚊蟲的疑慮嗎？

A 只要將生態瓶蓋上蓋子即可避免。

鼠婦、大蚊、搖蚊等幼蟲會以苔蘚為食，但只要幫容器蓋上蓋子，種植後就幾乎不會孳生蚊蟲。因為昆蟲有時候會附著在苔蘚材料上，所以製作時要仔細地將苔蘚清潔乾淨，同時留意不要讓小蟲跑進去。另外，若容器中長出蕈類，清除時要小心別讓孢子灑出。從野外採集的苔蘚尤其容易潛藏昆蟲，因此建議從苔蘚生態瓶材料專賣店選購乾淨的苔蘚使用，會比較安心。

有時瓶中會長出蕈菇。

大蚊的幼蟲。

Q 路邊生長的苔蘚可以用來做成苔蘚生態瓶嗎？

A 許多野生苔蘚並不適合做成生態瓶，因此建議避免。

真苔、纖枝短月苔等生長在路邊的苔蘚相當耐旱，且大多為喜歡日照的品種。這些苔蘚不但不好養，且容易枯萎，因此並不適合做成生態瓶栽種。此外，如同前述，因為野生苔蘚中經常潛伏小蟲，所以要徹底清洗乾淨並殺蟲後才能使用。為了降低失敗率，建議還是使用苔蘚生態瓶材料專賣店販售的苔蘚。（請參考 p.92）

長在路邊的真苔。

Q 苔蘚也需要施肥嗎？

A 為了長久栽培，適度施肥是必要的。

苔蘚是不需要太多營養就能生存的植物，僅靠雨水就能生長。儘管如此，種久了苔葉的顏色仍可能會逐漸變淡，因此建議照一定比例稀釋觀葉植物用的液體肥料，於生長期（春、秋各一次左右）以噴霧方式施肥。如果施肥過度有可能導致藻類優養化，還會弄髒容器內部，須格外留意。不過，像地錢或蛇蘚只要經過施肥就會長得很好，因此建議可增加對這種葉狀苔蘚的施肥次數。

翻玩生活周遭的苔蘚

挑戰用無性芽栽培地錢！

地錢的葉子上連接著杯狀的無性芽器，裡面裝了滿滿的無性芽 ※。
無性芽在被雨水等外力濺飛後，就能擴展它的棲息範圍。我們可以採集這些無性芽，用來觀察苔蘚發
芽與生長的模樣。由於地錢生長得相當迅速，因此也推薦給小孩當自由研究的作業主題。

※ 無性芽：原本是植物體本身的一部分，從本體脫離後分化出的組織，可以長成新的個體。

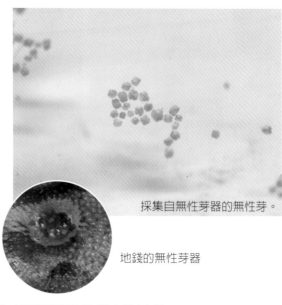

採集自無性芽器的無性芽。

生活周遭的苔蘚。

地錢的無性芽器

準備用品	地錢（附無性芽器的）／用土／圓臺形容器（無蓋容器〔直徑9 x 高12cm〕）
工具	滴管／牙籤／放大鏡／培養皿／噴霧瓶／保鮮膜

1 取出無性芽

首先把無性芽器裡綠色的小顆
粒（無性芽）用牙籤尖端挖出
來。由於有些年輕的無性芽器
裡面可能還沒有無性芽，因此
務必用放大鏡等工具邊觀察邊
作業。為了取得一定的數量，
最好可以找到至少 5 個無性芽
器。

2 浸泡到水裡

在培養皿裡倒入約 1cm 高的水量後，將沾附無性芽的牙籤尖端泡入水中。取不同的無性芽器重複這作業 5 次，以取得一定數量的無性芽。

水中的無性芽。

3 撒上無性芽

在玻璃容器裡倒入用土後，用噴霧瓶把它完全澆溼。以滴管連水一起吸取無性芽，灑在整個土壤表面。建議不要只滴在同個區域，而是均勻地灑在整個表面。

4 包上保鮮膜保溼

地錢在沒有蓋子的容器裡可以長得很好，但因為剛萌發的新芽不耐乾燥，因此需要包覆保鮮膜避免乾燥。約過 10 天後，當看到苔蘚的形貌漸趨明顯時，就可以將保鮮膜拿掉栽培。

剛灑完的狀態

5 發芽～生長

地錢的生長速度依季節略有不同，一般而言大概 5～7 天就會開始發芽。只要用高倍率放大鏡觀察，就能看到它小小的假根開始伸展。

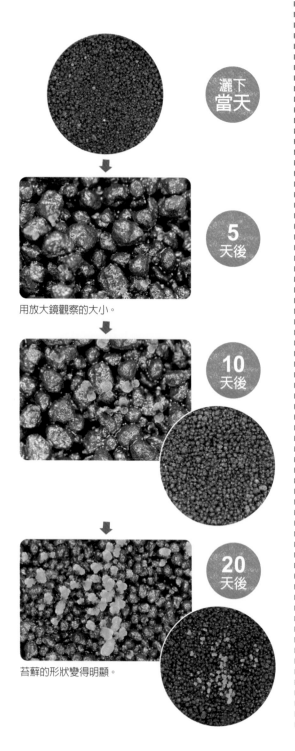

灑下
當天

5
天後

用放大鏡觀察的大小。

10
天後

20
天後

苔蘚的形狀變得明顯。

40
天後

50
天後

成長到一定大小後，又長出無性芽器。

60
天後

唯有用生態瓶栽培無性芽，才能長成這種令人印象深刻的鮮綠美景。往後也可以從這裡再取出無性芽，重複苔蘚的增生過程。

2章

可愛的
苔蘚生態瓶！

可愛又迷人的

空間配置技巧！

製作苔蘚生態瓶時，總令人想重現小森林般的茂密景致！
只要活用第 1 章的附生技巧，搭配不同種類的苔蘚和砂石，就能在小小的玻璃容器內還原野生的風景。
本章節為空間配置的相關技巧。

當苔蘚愈長愈大，
愈能體驗苔蘚森林的箇中樂趣

準備用品

材料 珠苔、大燄苔、緣邊走燈苔等／溶
岩石／方形容器（長10 x 寬10 x
高8cm）／河砂

工具 剪刀／鑷子／噴霧瓶／水彩筆

 詳細過程請
參考影片！

布置要領

1 擺放石頭

建議放入奇數個（3個或5個）不同大小的石
頭，較能演繹出自然風情。如果只打算放2個
進去，建議選擇大小迥異的石頭。

2 把用土勾勒成斜面

把土壤（河砂）做成斜面，為狹小的空間營造
立體感。可以用水彩筆把表面勾勒成漂亮的形
狀。

3 一點一點地種入苔蘚

種植時不須局限在一個定點，建議把同種類的
苔蘚分散在3個區域。藉由分配植入量的多
寡，打造出疏密錯落的自然氛圍。

4 布置前先想像生長後的結果

為了使苔蘚長大後看起來也很美觀，記得不要
把容器內種滿，務必要適度留白。尤其是植物
和玻璃內牆之間，可以預留0.5～1cm的空
隙。

✕ 以下NG！

種太多苔蘚

一旦在容器內植入太多苔蘚，不但生長空間會受限，也讓人產生侷促感。此外，不同的苔蘚也因此無法充分展現個性美。

苔蘚和容器間沒有空隙

如果把苔蘚種的太靠近容器，等於緊貼著容器側邊生長，看起來非常壓抑。等它們愈長愈大，看起來壓迫感就更重了。

活用附生技巧

加入珠苔

把剪碎的珠苔撒在石頭上（參考 p.17），幾個月後它們就會開始附生，發芽後讓整個作品變得更加自然。建議集中撒在特定區域即可，而非整個石頭表面。

更引人入勝的空間配置技巧

只要臨摹野生苔蘚的生態與風貌做配置，就能大大提升整個作品的可看性。

1 揉合不同種植技巧

這個作品打造成苔蘚爬滿大型溶岩石的意境，照片是製作完成 4 個月後的模樣。在石頭中間偏右的地方撒上剪碎的大燄苔莖，可以看到它已經長出新芽。而為了讓緣邊走燈苔可以爬在溶岩石上附生，一開始就把它和石頭緊密地綁一起。撒在石頭左上角的節莖曲柄苔碎葉也逐漸發芽。在苔蘚開始發芽之前，記得勤於噴霧澆水，讓石頭保持溼潤。

這裡使用的苔蘚有：大燄苔、緣邊走燈苔、鞭蘚、珠苔、大鳳尾苔、庭園白髮苔、節莖曲柄苔、東亞孔雀苔
（方形容器：長 10 x 寬 10 x 高 8cm）

2 以石縫中生存的苔蘚為主題

該作品用輝板石堆砌成石階，再營造苔蘚從階梯縫隙間長出的景象。我們在石階的縫隙裡也加入用土，除了植入珠苔和東亞孔雀苔，也從下方配置可以往上爬的緣邊走燈苔。只要經常幫石頭加溼，就能為苔蘚創造容易附生的環境。建議為基本配置的架構保留一些彈性，更能天馬行空地享受其中。

這裡使用的苔蘚有：大燄苔、珠苔、緣邊走燈苔、東亞孔雀苔
（圓柱容器：直徑 10 x 高 12cm）

千變萬化的意境
以不同造景素材增添魅力

光是變換造景砂石，就能做出氛圍迥異的作品。
我們可以從網路商城與寵物水族館選購形形色色的砂石，構思它們和苔蘚的各種組合模式，
拓展作品的多元性。不過，像含鹼性成分的珊瑚或容易腐蝕的漂流木等素材，
就不太適合做成苔蘚生態瓶，建議避免使用為佳。

溶岩石（紅）

紅色的溶岩石可以襯托出苔蘚的綠。它不僅容易保水，凹凸的表面也適合苔蘚附生，個性十足的形狀便於製作立體作品。

溶岩石（黑）

黑色的溶岩石為作品整體增添俐落感，散發沉穩的氣氛。它和紅色溶岩石一樣，具備適合苔蘚附生的保水性和凹凸表面。用它打造出的作品意象，就像是緊鄰火山麓的一片苔蘚森林。

青華石

沾溼的青華石會帶點藍色，顏色較為鮮明，適合營造河畔風景或有水流經過的意境。

氣孔石

土黃色的氣孔石適合做成富含土壤與岩石的斷崖、或是陡峭的山景。它獨具特色的外觀和鮮綠的苔蘚彼此相襯，可以組合成各種作品。

輝板石

平板狀的輝板石適合做成石階或石頭造景。由於它的大小和厚度各有不同，因此在做成石階等結構之前，建議先構思一下組合後的樣子再著手進行。

木化石

因為生態瓶不宜使用漂流木製作，所以可以用木化石代替，重現朽木或倒木與苔蘚共生的景色。其粗糙的表面適合苔蘚附生。

富士砂

這是用碎掉溶岩石做成的砂石，造景時會為整體增添俐落感。富士砂適合苔蘚的假根攀附，因此也利於苔蘚的繁衍。它的尺寸從0.1～1cm不等，建議依大小分類使用。

河砂

河砂採集自溪邊或湧泉，主要商業用途是魚缸的底砂，用於造景時可以做出河畔的意境。由於裡面混雜多種顏色的砂石，因此在作品表現上不會過於搶眼，散發自然風格。

黑砂

黑砂的直徑偏大，約7mm左右，圓圓的就像大顆的砂礫一樣。把它沾溼後看起來會變更黑，散發素淨感。適合的作品意境像是日本庭園，或是鋪滿砂石的小路。

白石

白石的直徑偏大，約7mm左右，圓圓的就像大顆的砂子一樣，看起來很高雅。其明亮的白色可以凸顯苔蘚的綠色，但相對較無法呈現自然感，使用難度較高。

石英砂

石英砂的顏色不會過於鮮豔，能夠輕易呈現迷你的枯山水意境。由於它不搶風頭，能和各種石頭與苔蘚完美搭配，因此創作時很好駕馭。

橘水晶砂

這是一種彩砂，可以做出個性十足的作品。在苔蘚的一片綠意裡，搭配橘色的砂石令人印象深刻。但由於它的風格強烈，因此建議局部點綴即可。

一樣的苔蘚，不一樣的視覺感受

變換砂石的種類

我在一樣的玻璃容器裡，用相同的 5 種苔蘚（大燄苔、庭園白髮苔、緣邊走燈苔、珠苔、曲尾苔），
搭配不同砂石組合成一模一樣的空間配置。
就算選用一樣的苔蘚和容器，但作品給人的印象卻截然不同，對吧？

3 個同尺寸的容器
（直徑 10 × 高 12cm）

1

氣孔石配河砂

只要統一石頭和砂子的色調，
整個作品就充滿一體感。當砂
石的配色和苔蘚完美調和，看
起來就像山景一樣自然。推薦
用這個組合，重現野生苔蘚的
風姿。

2
紅色溶岩石配石英砂

在溶岩石的周圍撒上石英砂，會把苔蘚跟石頭都襯托得更加顯眼。溶岩石上布滿緣邊走燈苔，讓人不禁期待作品後續的變貌。

3
輝板石配富士砂

把平板狀的輝板石立著擺放，馬上就散發出像古代文明的遺跡氛圍。如果使用形狀特別的石頭，就能打造出獨一無二的作品。配置形狀特別的石頭時，可以挑選較不喧賓奪主的砂子，作品才會顯得比較穩重。

進 階 創 作
挑戰大型作品

這次使用單邊 15cm 以上的容器，試著挑戰看看大型作品吧。
由於造景材料也會增加，因此可以做出更獨創的作品。

使用狹長的水缸

造景上以木化石仿倒木的姿態，在
上面附生緣邊走燈苔、大燄苔、珠
苔。這裡使用的過山蕨，是葉片較
大的小型蕨類植物，且葉間的縫隙
清晰，和苔蘚植物搭配起來效果十
足，因此非常推薦。

水缸（長 30 x 寬 20 x 高 14cm）

做成石階

我用輝板石在生態瓶中排成石階的模樣，彷彿是山中古廟會看到的場景，荒煙漫草且布滿苔蘚。隨著時間生長，種在石縫間和周圍的苔蘚會逐漸覆蓋整個石梯，讓人能欣賞到不斷變化的樣貌景致。可參考 p.62 設計重點。

玻璃容器（直徑 8 x 高 14cm）

使用正方形的水缸

這個作品配置不同大小與高低起伏的溶岩石，搭配超過 10 種苔蘚分散種植，並附生緣邊走燈苔、珠苔、大燄苔在溶岩石上。可參考 p.63 的設計重點。

水缸（長 20 x 寬 20 x 高 14cm）

大型作品的設計重點

透過下寬上窄的配置，呈現愈往石階上走愈窄的遠近感，為作品增添層次。

我們可以在石階兩旁的空間種滿苔蘚，建議密集植入大燄苔、疣葉白髮苔等，再局部配置大葉苔畫龍點睛。

不妨在石縫間植入珠苔，表現苔蘚夾縫中求生的生命力。作法是在石縫間塞入土壤，再把碎葉撒在上面即可。

仿石階造景

只要巧妙地組合石頭和苔蘚，就能做出充滿古代遺跡和寺院感的設計。
記得連石縫間也要鉅細靡遺地種入苔蘚，才能體現經過歲月洗禮的時間感。

苔蘚長大後自然而然完成的作品

苔蘚在種植後的1～2個月間會先緩慢生長，
但約6個月後就會長滿整個水缸了，
因此建議在種植當下就預留足夠空間。
比起一開始就種好種滿，
不如打造一個讓苔蘚能恣意生長的環境，
這樣就算種到超過10個物種，
也能欣賞它們各自的美。

撒在石頭上的珠苔和大燄苔一經附生後，就
會長得愈來愈茂密。種在石頭下的緣邊走燈
苔則會悄悄地往石頭上爬，讓整體極具觀賞
性。

發揮天馬行空的想像力

從自然風景汲取作品創意

當我們進行造景創作時，可以到長滿苔蘚的森林、河邊、公園或寺院等地，
取景野生苔蘚的生長環境，讓作品的意境更為飽滿。

重現陡坡景觀

這個作品首先要做出一個陡坡，再還原坡面上布滿各種苔蘚的景色（左圖）。用石頭和土壤打造成斜坡後，坡面會隨著苔蘚的假根攀附日益穩固，也更不容易崩塌。建議在坡面配置大鳳尾苔和羽苔，為作品增添流動感，而且從側面一眼就能看出陡峭感。

重現樹海風貌

我以在富士山麓看到青木原樹海的森林景色（左圖）為基礎，重現出苔蘚爬滿溶岩石表面，以及它們從石縫中長出來的風貌。作品的亮點，是緣邊走燈苔垂墜般的姿態。完成後的溶岩石就像樹海裡的石頭，經年累月地淹沒在苔蘚海中。

用實驗室容器裝飾

在燒杯或試管內種植苔蘚，就好像進行實驗一樣有趣，不妨體驗看看吧。
種植時只要依容器變換苔蘚的種類，就能享受更多不同的樂趣。

使用試管等容器

只要在試管或試藥瓶裡各植入 1 種不同的
苔蘚，成品就像活的生物標本一樣，非常有
趣。記得少量種植即可，裝飾完成後會更顯
美觀。可以再搭配自然風格的木製托架，為
作品增添點綴。

這裡使用的是泥炭苔（左）、羽苔（上）
與大灰苔（右）

使用燒杯等
開口容器

像燒杯（左）、錐形燒杯
（右）、圓錐燒瓶（後）等有
開口的容器，適合栽種不蓋蓋
子的苔蘚。由於瓶口寬度會影
響瓶內的溼氣多寡，因此建議
多方嘗試各種苔蘚適合的容器
種類。

培養皿

在玻璃培養皿內撒上各種苔
蘚，就能觀察它們再生時的生
長模樣，豈不有趣。雖然得花
點時間，但研究它們慢慢長
大的過程，也是大人的一種浪
漫。拿起放大鏡觀察，再用日
誌或部落格記錄下來，值得一
再細細玩味。

這裡使用的是疣葉白髮苔（左）、珠苔（中
上）、緣邊走燈苔（中下）和節莖曲柄苔
（右）。

貼身擺放
體驗迷你苔蘚生態瓶

嬌小的苔蘚長得很慢，因此只要選對品種，
就可以在指尖大的迷你瓶子裡栽培。把它們種在各種瓶瓶罐罐裡，
可以裝飾成雜貨擺設，或隨身攜帶著走。

迷你生態瓶

我在邊長 4cm 的軟木塞瓶裡栽培苔蘚。
只要選用長得很慢的苔蘚，就能在這種小
小的容器裡，享受觀賞之趣長達近 2 年之
久。等長得愈來愈雜亂，再修整一下讓它
恢復清爽吧。

上圖使用的是大燄苔（左）、庭園白髮
苔（中）與緣邊走燈苔（右）。

做成苔蘚吊飾
或首飾

從生態瓶中取幾株苔蘚移植到小瓶，就能做成項鍊或吊飾等飾品帶著到處走。即使不加土壤，只放苔蘚在裡面也能撐上好幾個星期。沒有隨身攜帶時，可以將它掛在明亮的室內牆上，或是取出來重新種回生態瓶裡。

這裡使用的是庭園白髮苔（3 瓶都是）

享受苔蘚生態瓶的進階樂趣

組合不同植物之樂

生態瓶內的環境適合喜潮溼的植物生長，
因此推薦選用和苔蘚搭配，組成充滿個性的作品喔。
為了讓它常保美觀，必須經常掃除枯葉，並剪去過長的枝條，讓容器內部保持乾淨清爽。

組合秋海棠等
觀葉植物

毛葉秋海棠是小型的觀葉植物，葉子紋理極具特色，和苔蘚組合後的成品充滿異國風情。它的種類繁多，每種葉子的紋路和顏色各不相同，因此也能體驗不同組合的栽培樂趣。因為毛葉秋海棠的葉子較大，所以記得在它生長後適度疏苗，並留意苔蘚的光照不被遮蔽。

在蓋蓋子的容器內栽培也沒問題。

組合豬籠草等
食蟲植物

豬籠草是一種食蟲植物，它的葉子前緣特化成袋狀，可以消化掉到袋中的昆蟲以補充營養。由於它是喜歡潮溼的植物，因此相當適合在生態瓶中養育。雖然在密閉容器內不會有昆蟲送上門，但就算不餵養昆蟲也沒問題。

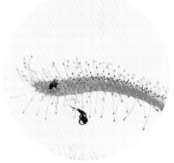

組合毛氈苔等
食蟲植物

毛氈苔是捕蟲植物的同伴之一，會從葉子上的黏毛分泌黏液，藉此捕食昆蟲。由於它生長在潮溼的野生環境，所以也很適合種在生態瓶裡。種在瓶中的毛氈苔會分泌許多黏液，讓黏毛尖端看起來閃閃發光，煞是好看。

體驗生物和苔蘚共生之趣

苔蘚生長的地方棲息著各式各樣的生物，除了苔蘚外，
生態瓶內對其他可以共生的小生物而言也是相當舒適的環境。
試著加入周遭的生物一起培育看看吧！

※只要有土的地方就有機會捕捉到鼠婦和蝸牛。
若要進入私人區域，請先徵得地主同意，如果到公共場所捕捉則要遵守相關規範。請珍惜生物，以不濫捕為原則。

鼠婦在苔蘚中捲起來的樣子十分可愛。

鼠婦

環境　鼠婦喜歡潮溼環境，因此可在生態瓶中過得很舒適。由於牠生性膽小，所以須為牠營造可以藏身的地方。建議配置像大燄苔等莖枝較高的苔蘚，打造成隱密的家園。容器裡可以另外規劃一個沒有苔蘚的區域，做為牠的餵食區。由於鼠婦無法爬上玻璃，所以只要使用深一點的玻璃容器，甚至無須上蓋就能飼養。另外，也可以放置大一點的石頭，觀察牠在石頭上散步的姿態。在直徑 15cm 的容器內最多放入 10 隻左右就差不多了，記得不要放太多隻進去。

管理　鼠婦是雜食生物，飼料不夠吃時恐會以苔蘚為食，因此建議放入紅蘿蔔、茄子等蔬菜，以及墨魚骨之類的鈣質補充劑。此外，應避免餵食小魚乾或起司等做為飼料，以免瓶內變得髒亂。鼠婦的糞便不太會發霉，因此頂多更換飼料即可，幾乎不用額外清理。

養成　鼠婦會在脫皮後成長，壽命約為三年，若養育得當也有機會活超過五年。牠在野外環境時會冬眠，在溫暖的室內則不會，所以可以一邊正常活動一邊過冬。若照顧得好可以長到 2cm 大左右。若同時放入不同性別的鼠婦，還可以產卵繁殖下一代。

蝸牛

環境　因為蝸牛和鼠婦一樣喜歡潮溼的環境，所以很適合養在生態瓶中。蝸牛的種類依地區而異，豐富多樣，因此也有許多愛好者會一次飼養許多不同品種。以苔蘚為主軸，再搭配蕨類植物或化石模型等布置後，整個生態瓶會散發出如遠古森林般的意境。由於蝸牛能爬到玻璃壁面上，所以要挑選附蓋子且能蓋緊的容器。若在較小的容器裡放入好幾隻，蝸牛們會因為幫彼此舔殼而受傷，因此建議一次飼養 1 隻為佳。

管理　因為蝸牛不喜歡乾燥的環境，所以須經常噴霧維持適當的溼度。他們喜食紅蘿蔔和高麗菜等蔬菜，由於長殼需要鈣質，因此也需要提供墨魚骨等鈣質補充劑。蝸牛在沒有飼料的情形下可能會以苔蘚為食，但只要有其他富含營養的飼料在瓶內，就不太會主動吃苔蘚。當糞便累積到一定程度時，建議適度地清潔一下容器。

養成　蝸牛的壽命依物種而異，一般約可活三～五年左右。小型物種的壽命可能只有短短不到一年，而大型種有的甚至可以活超過十年。

苔蘚愛好者飼養的札幌蝸牛。（暱稱：Tomako）

扎實培育，華麗演出
善用照明設備

光線是栽培苔蘚時不可或缺的要素。苔蘚在生長時所需要的光照量超乎我們想像，
因此若種在昏暗的室內將無法成長茁壯。
當光線不足或是光照時間過短時，建議活用照明設備補足喔。

苔蘚在戶外通常生長於陰暗處，因此給人喜歡陰暗環境的印象，其
實那是因為野生苔蘚接受到的光照量遠超過室內的緣故。常用於苔
蘚生態瓶的苔蘚種類適合種在 500 ～ 2000 勒克斯的光照環境下，
由於要在室內閱讀至少需要 500 ～ 750 勒克斯的光通量，所以在室
內養育苔蘚需要的光通量最少也要和閱讀環境相等。此外，光照的
時間長度也同樣重要，只要給予 8 個小時的持續照明，苔蘚就能充
分地進行光合作用。

| 各種照明設備 |

直立型檯燈

說到苔蘚生態瓶的照明首選，
非直立式 LED 燈莫屬。市售的
植物生長專用照明（圖為植物
生長燈）可依需求調整高度和
亮度，因此適用於各種大大小
小的苔蘚生態瓶。

放大鏡型檯燈

放大鏡型的 LED 燈除了提供苔
蘚生長不可或缺的照明，也便
於我們貼近細細觀察。只要調
整它的手臂，就能變換照明高
度與角度。每當入夜後看著打
光的苔蘚，就令人想進入這片
森林一探究竟。

苔蘚燈

「Mosslight-LED」是一種附 LED 照明的栽培容器，在 Instagram 等社交媒體上備受關注。
它是 LED 照明的生態瓶作家——內野敦明為了植物開發的產品，兼具美觀與栽培的實用性。
依植物的種類和生產狀況，還能 4 階段式調整光源強度。
入夜後就像裝潢照明一樣，溫暖地點亮室內。

LED 的色溫為 5000 克耳文，接近植物在白天可以
生長的光強度。其演色性（一種描述光源在自然光
下呈現真實物體顏色能力的量值）為 Ra85，和自
然光照下的顯色值（Ra100）相近，因此相當講究。

頭部有黑色（左圖）和白色（右
圖）2 種，可以搭配房內的裝
潢擺設做選擇。

實訪苔蘚生產者

一頭栽進苔蘚事業40年！
夢想打造苔蘚主題樂園

Moss Farm（靜岡縣富士宮市）

https://www.mossfarm.jp/　Moss Farm

本次走訪的 Moss Farm 是經營苔蘚農場的農業法人。
負責人北條雅教先生從 33 歲開始栽培苔蘚，一頭栽進苔蘚的世界後，
在富士山下自產自銷長達約 40 年。

以普及正確的
苔蘚知識為夢想

負責人北條先生在創立苔蘚農場以前從事園藝造景的工作，他對當時施工現場大多認為「苔蘚很容易枯萎」的隨便態度感到不滿，為了讓正確的苔蘚知識得以普及，便投入苔蘚栽培。

創立 Moss Farm 後，北條先生再也沒有栽種過其他植物，僅靠苔蘚維持生計至今，因此在事業上軌道前也曾遭遇不少挫折。他在創業初期推廣自己種的苔蘚時，不但不受到園藝業者的待見，在經營方面也吃盡苦頭。好不容易事業開始好轉之際，又在山中被熊襲擊而重傷。因此，北條先生的太太也加入經營，並開始著重在網路販賣。現在，他的兒子也加入經營團隊，Moss Farm 已然轉型成以網路販賣為主的苔蘚產銷農場，是遠近馳名的老牌苔蘚商店。

這裡創業初期主要生產的是造園常用的金髮苔。由於金髮苔適合在火山灰土上栽種，因此北條先生選擇在盛產火山灰土壤的富士宮市，打造整片火山灰土栽培地，並持續擴大栽種面積至今。目前農場的銷售主力也以造景用金髮苔為主，約占整體的 40% 左右。其次占多數的是砂苔、大灰苔，另外還有生產仙鶴苔、緣邊走燈苔和羽苔等苔蘚。Moss Farm 應客戶的需求逐漸增加品種，至今販售的苔蘚就有 20 種之多。

農場位於富士山下的富士宮市。在這裡每天都能一邊欣賞富士山美景，一邊生產苔蘚。

一望無際的苔蘚農場。苔蘚長大後就會被整片撕起出貨。

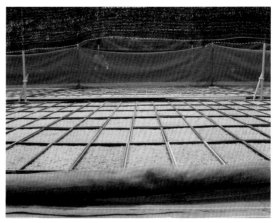

大灰苔要用網子罩著栽培以免飛走，等整體長成片狀時即可販賣。

在育苗盤上栽種的砂苔。依季節需要，須加裝遮光網調整光照量。

苔蘚出貨前的暫時存放處。在這邊完成最後的調整後出貨。

雅康先生在研究所學習苔蘚相關知識後，現於 Moss Farm 從事苔蘚生產的工作，繼承父親雅教先生的衣缽。

從批發轉戰網路商店

在 1998 年網購開始盛行後，北條先生於 2001 年架設網路商店，從批發轉型為零售販賣。由於網路販賣的營業額自 2006 年開始增加，北條先生逐於 2011 年成立 Moss Farm 股份有限公司，正式成為農業生產的法人。近年來，隨著苔蘚的增產，這裡的農場規模也不斷擴大，目前幾乎只靠網路經營苔蘚販賣。

苔蘚主要用於園藝造景的需求上，近年來因為生態瓶的蓬勃發展，也增加了許多小包裝的訂單。除此之外，Moss Farm 也接獲許多來自使用者的詢問，包括栽培相關問題在內，都因其豐富的栽培經驗一一得到解答。

Moss Farm 在富士宮市內有好幾座農場，這次我有幸來參觀其中的一部分。現場依苔蘚的特性，分成露天、溫室、水耕等各種不同栽培方式。在同一個農場裡也劃分不同的栽種區域，如金髮苔、砂苔等被種在日照充足的區域，仙鶴苔、羽苔等則種在樹木遮蔽處，令人印象深刻。

栽培苔蘚時最辛苦的是苔蘚的疾病，因為一旦蔓延就會導致泰半的苔蘚枯萎，造成嚴重損失。一開始北條先生只能在發病後再對症下藥，後來漸漸研發出對各種病原菌的防治方法，大大地提升生產穩定性。這一切都是經過長時間的不斷試錯，才得到的寶貴智慧。為了滿足近年日益增加的苔蘚需求，這裡也擴大農地增產，往後更計畫活用無人機等新型栽培技術。

宣傳自家栽培的苔蘚魅力

北條先生表示，公司栽培的苔蘚和野生苔蘚的差別，在於「產品的品質穩定性，這是長年栽培苔蘚才有的技術能力。此外，由於自己是栽培苔蘚的專家，所以可以在客戶遇到問題時給予專業建議。這是我們和野生苔蘚採集業者最大的不同」。

在這股苔蘚熱潮中，生產苔蘚的業者不斷增加，如何在同業間取得差異化是往後的重要課題。

Moss Farm 從金髮苔中挑選不易變成褐色的個體集中繁殖，再以「富士山雅苔」之名註冊商標，打造成可販賣的品牌商品。由於業界裡把苔蘚品牌化是前所未有的一大創舉，因此備受矚目。在北條先生一頭栽進苔蘚的世界後，Moss Farm 為他開啓了一條康莊大道。他夢想有一天能打造「苔蘚主題樂園」，讓普羅大眾都能徜徉其中，欣賞苔蘚之美。全日本的苔蘚迷都由衷期盼這個美夢成真的到來。

富士山みやび苔
変色しない唯一の杉苔

金髮苔用於園藝造景，因此每次出貨量都很大，是 Moss Farm 的主力商品。

「富士山雅苔」不易變成褐色，是 Moss Farm 原創的金髮苔品牌。

仔細地逐一清潔後出貨。

3章

進階體驗苔蘚
與苔蘚生態瓶之樂！

**斬新視界，
一窺苔蘚的
各種玩法**

苔蘚狂熱者
試吃苔蘚的心得

為了回應苔蘚愛好者「喜歡苔蘚到想吃吃看！」的心願，在石河英作先生監督下，
料理研究家田島奈津子小姐開發了以下 2 道苔蘚食譜，充滿童趣又令人興奮。

看起來幾可亂真的成品
讓人遲遲無法開動

苔蘚生態瓶蓋飯

仿
苔蘚料理

1 用雞肉和竹炭粉做成「溶岩石唐揚炸雞」

真的溶岩石

材料（約 2 個直徑 8 x 高 8cm 生態瓶容器的分量）

雞大腿肉⋯250g

A
- 薑⋯1／2 小匙
- 大蒜⋯少許
- 醬油⋯2／3 大匙
- 鹽、砂糖、酒⋯各 1 小匙
- 麻油⋯少許

麵衣
- 雞蛋⋯1 個
- 麵粉⋯4 大匙
- 竹炭粉⋯2g

油炸專用油

逼真的訣竅
● 把雞肉切成不規則、稜角分明的形狀。

作法
❶ 在碗內放入雞肉，拌入材料 A 醃漬。
❷ 在另一個碗內混合麵衣材料，將❶沾附包裹起來後下鍋油炸，記得事先多放一點油。

加入竹炭粉的黑色麵衣雖然不常見，但吃起來很正常，味道一點也不奇怪。

2 用絞肉和黃米做成2種土

真的赤玉土

真的黑土
（富士砂）

材料（約 2 個生態瓶的分量）
赤玉土
雞絞肉⋯100g

B
- 味噌⋯適量
- 醬油（減鹽型）⋯適量
- 砂糖⋯適量
- 酒⋯少許

爆藜麥花⋯適量
醬油（減鹽型）⋯適量
薑汁（依個人喜好）⋯適量

黑土（富士砂）
黃米⋯30g
竹炭粉⋯適量

逼真的訣竅
● 使用深色的味噌讓顏色接近赤玉土，再混入爆藜麥花以更接近土壤質地。
● 把用水煮過的黃米撒上竹炭粉，做出黑土的質感。

赤玉土肉鬆的作法
❶ 先用平底鍋煎炒雞絞肉，再加入材料 B 醃漬做成肉鬆，可依個人喜好酌量加入一點薑汁。另外把爆藜麥花沾附醬油。
❷ 把❶的肉鬆倒入攪拌機，直到攪成和赤玉土一樣大小後，再和❶的爆藜麥花混合均勻。

把攪碎的肉鬆（左圖）混入爆藜麥花（右），以增添土的質感。

黑土（富士砂）黃米的作法
❶ 把水煮過的黃米用篩籃過篩，瀝乾水分。
❷ 將❶加入竹炭粉上色。

為了不讓黃米的顏色留白，建議一次加入一點竹炭慢慢混合均勻。

3 用綠色蔬菜做成「苔蘚」

真的苔蘚

材料（約 2 瓶份）
蒔蘿、香芹、花椰菜…各適量
麵味露…適量

逼真的訣竅
● 選擇3種不同形狀的蔬菜。其中花椰菜代表庭園白髮苔，蒔蘿代表大鐙苔。

作法
❶ 把花椰菜切成小朵後汆燙，浸泡在稍微稀釋過的麵味露裡。
❷ 把❶和蒔蘿、香芹分成好拿取的分量，再用鑷子將它們撕成小片，做成苔蘚的大小。

跟製作苔蘚生態瓶時一樣，使用鑷子夾取裝飾成苔蘚的蔬菜，以便細部調整。

4 完成苔蘚生態瓶

所需工具與材料
鑷子、筷子
白飯（80g）
溶岩石唐揚炸雞（作法 1）
赤玉土肉鬆、黑土黃米（作法 2）
苔蘚綠色蔬菜（作法 3）
綠色蔬菜粉（市售花椰菜、菠菜等）…皆少許

① 用蔬菜作成附生苔蘚
選 2 塊溶岩石唐揚炸雞，以鑷子夾取苔蘚蔬菜，模仿附生苔蘚的樣子插在上面。

② 鋪上白飯與赤玉土
盛飯到玻璃容器內鋪平，再於容器內緣蓋上赤玉土肉鬆，這樣從外面就看不到白飯。

③ 擺上溶岩石
在赤玉土肉鬆上再鋪一層黑土黃米。決定正面的方向後，再擺上❶做好的苔蘚溶岩石，用以遮住白飯。

④ 植入苔蘚
在玻璃容器內緣等平常會植入苔蘚的地方，用鑷子夾取蔬菜苔蘚種下去。

⑤ 撒上苔蘚
用鑷子尖端舀一些蔬菜粉撒在溶岩石和土上。建議局部播撒，看起來會更逼真。

⑥ 完成
蓋上蓋子，就完成這道可以吃的苔蘚生態瓶。敬請趁熱享用。

\ 一起吃吃看這道好吃的 /
\ 唐揚炸雞蓋飯吧！！ /

這是道高級苔蘚料理，
完成後鯛魚和金針菇散發蛇蘇的香氣，
一掀開蓋子就撲鼻而來。

蛇蘇蒸鯛魚

真的
苔蘚料理

所需工具與材料（1 人份）
蒸籠、烘焙紙
鯛魚（無皮生魚片）…半片
蛇蘇…7 片左右
金針菇…10g
日本酒…1 / 2 小匙
鹽…適量

只要蒸 10 分鐘左右，鯛魚和金針菇就
能吸飽蛇蘇的香氣，可說是天作之合。

蛇蘇的前置作業

蛇蘇背面長滿鬍鬚狀的假根，裡
面可能會藏汙納垢，因此要先用
指甲摳一摳再清洗乾淨。

作法

❶用鹽和日本酒醃漬鯛魚。

❷切除金針菇的根部後，撕成方
便入口的大小。

❸在蒸籠裡鋪上烘焙紙，依序疊
放金針菇、鯛魚、蛇蘇，再用
烘焙紙包起來。

❹蓋起來後加熱 10 分鐘左右。

在鋪上烘焙紙的蒸籠裡依序疊上食材，
再用烘焙紙從上方將整個包裹起來蒸
煮。蒸完後就可以把蛇蘇拿掉。

※ 有些品種的苔蘚可能含有過敏原或寄生蟲。
建議以專家監督的食譜為基礎，並做好前置作業後再烹煮喔。

絕無僅有的苔蘚玩法

苔蘚雖然在日常生活裡隨處可見，但似乎是因為太低調了，所以它們的美較鮮為人知。
以下邀請到苔蘚愛好者解說苔蘚的各種玩法，
包括觀察、手作生態瓶、生態瓶栽培與小物製作等，引領我們了解箇中魅力。

立川知里小姐
（約 5 年 苔蘚經驗）

以觀察和栽培為樂！手機裡的照片量暴增中

立川小姐的興趣是登山，在2014年初訪屋久島時便折服於苔蘚的魅力之下。
起初她買包氏白髮苔在家裡栽培，但很快就因為室內乾燥而枯死了。
汲取失敗的經驗做為養分，
立川小姐在幾經查詢後和「苔蘚生態瓶」相遇，便無法自拔。

立川小姐決定用生態瓶栽培苔蘚後，隨即再訪屋久島購買曲尾苔和包氏白髮苔，開啓她的生態瓶生涯。五年後的今天，當初種入苔蘚的瓶內早已擁擠不堪，不得不分株移植。此外，她也固定栽培5～6種苔蘚，由於自認家裡的溫度管理困難，因此立川小姐覺得最適合自己的種植方法，是只在1個容器內種植1種苔蘚。苔蘚已經在立川小姐的生活裡根深蒂固，她表示，「走在街上總能瞥見許多苔蘚，讓我途中不禁左顧右盼。苔蘚的優點是可以輕鬆擁有，而且不像花卉受季節限制，可以全年無休地供人欣賞」。

這是她五年前在屋久島購買的第 1 個苔蘚生態瓶，裡面栽培包氏白髮苔（圖前），和水晶的組合相當討喜，至今仍在持續生長。現在瓶內已經愈來愈擁擠，只好分株到其他瓶中增生。

下圖為苔蘚和機器人型手機「Robohon」一起擺拍的照片，立川小姐把它設為手機桌面賞玩。也推薦將苔蘚和心愛的玩偶或角色公仔一起入鏡。

1 她說自己出門總是下意識地看著地上走路，「尤其會鎖定水溝蓋觀察」。在狹窄的地方看到茂密的苔蘚小山，也令她愛不忍釋，不由自主地按下手機快門。2 她也在家裡種植可愛的蛇蘚。但把生態瓶蓋上蓋子後，蛇蘚的葉片會徒長成像章魚腳一樣細長，因此立川小姐正挑戰用沒有蓋子的玻璃容器栽培。

藤本惠一先生
（有多年苔蘚經驗）

一對深愛苔蘚的夫婦，
一起成為生態瓶的俘擄！

幾年前，我因為苔蘚的活動，在自己「道草 michikusa」的攤位偶遇藤本先生。同樣喜歡植物的他對苔蘚世界驚訝不已，表示「就像發現了新大陸！」之後他們也參加 michikusa 主辦的工作坊，從初階開始學到進階的生態瓶技巧。

我有幸在藤本先生百忙之中，得以聽聞他們和苔蘚的生活大小事。

這是在寬 30cm 矮水缸裡混著種出的苔蘚（苔蘚風景）。他最喜歡欣賞緣邊走燈苔恣意生長的模樣。

他一開始試過用試管種植苔蘚。試管可用於做成各種苔蘚樣本，是眾多賞玩方式之一。

1 這是他首次用水缸打造的苔景，以恐龍的頭蓋骨模型和想像力，模擬出白堊紀的風光。其中的蕨類植物必須經常維護，否則就會枯死，因此據說已經換植過好幾輪。2 他表示在家裡總是沒辦法把蛇蘚種好，沒想到竟然和辦公室的環境一拍即合，所以雖原本只是想放著避難一下，後來乾脆繼續擺在辦公室栽培。

藤本先生覺得苔蘚除了不占空間外，連疏於照顧的自己都能把苔蘚養大，因此被它們灑脫的特質吸引。他從試管栽培苔蘚開始，到現在已經可以用水缸做成大型生態瓶，可見手藝不斷精進。目前共栽培 7 個水缸、6 根試管和 10 個燒杯，每個都擺放在非常顯眼的地方，例如電視櫃上就有它們的專屬座位。他表示自己「常常看電視看到一半，就會注意苔蘚有沒有變褐色、是不是缺水了，還能順便修整一下，真的非常方便。就算不小心剪過頭也沒關係，只要用心照顧，苔蘚就會長得很好，真的再適合我不過」。

85

邂逅苔蘚生態瓶後，和苔蘚一起展開新生活

Enokiban 小姐一直都很喜歡神社和寺院裡空氣的味道。
她回想起來，「可能是因為神社的森林聞起來＝苔蘚的氣味」。
至於開始種苔蘚的契機，則是在她買《我的玻璃罐　苔蘚小森林》（石河英作著，家之光協會出版）一書後受到的啟發。

被問起苔蘚最吸引人的地方時，Enokiban 小姐不假思索地回答「味道很好聞！」她喜歡在蓋上蓋子後，欣賞養在密閉容器內的苔蘚，也喜歡掀開蓋子聞聞苔蘚的氣味。她多次興奮地表示，「就像在家裡種了迷你的森林一樣，你不覺得很有情調嗎？」此外，撒下苔蘚後欣賞它們從一開始生長的過程，也是種苔的樂趣之一。「看著苔蘚一點一點地成長，一方面感受時間的流逝，一方面又完全不費心力，輕鬆養養就能成長茁壯」。她最喜歡珠苔，開心地說「撒下苔葉大概 2 個月以後，就能看到新長出的苔蘚小寶寶，總令我澎湃不已」。

把珠苔和緣邊走燈苔撒在黑土上

撒下苔蘚約 3 個月後
可以看到冒出來的苔蘚寶寶，非常可愛。

約 1 年後
穩健生長後的苔蘚風貌也是一大看點。

1 在溶岩石表面撒下珠苔和緣邊走燈苔後，經過半年的模樣。須經常讓它泡水。2 這是不給容器蓋蓋子也能輕鬆養大的蛇蘚。水加到快淹至苔蘚後放養，蛇蘚就會自行光合作用生長、增殖。3 她想在電腦旁擺放苔蘚生態瓶裝飾，因此買了 Mosslight-LED。裡面放置溶岩石，表面撒上珠苔的葉子。

本來她用沒有蓋子的布丁容器栽培砂苔，但因為用開放式的容器不易控制水量，所以不到 3 個月就乾枯成褐色了。現在主要還是以有蓋子的容器栽培。

晚上以植物燈補充光線。「目前都沒有枯死，長得雖慢但很健康」。

以手作表現苔蘚形形色色的美！

吉田小姐表示，「我在 2005 年留意到，自己每天通勤時都會觀察路上的苔蘚，
從此和苔蘚結下不解之緣」。她看著苔蘚只在合適的環境裡自由生長，
對比自己討厭的工作環境，終於能下定決心辭職。
她覺得苔蘚就像拯救她人生的救世主一樣，並向我娓娓道來自己的苔蘚生活。

吉田小姐充滿愛意地說，「苔蘚不論顏色、名稱、觸感和生長方式都很可愛，它們的生活態度也令我著迷。雖然它們小小的、土土的又不起眼，卻蘊藏驚人的美麗」。她享受戶外觀察與栽培的樂趣，並把從中得到的感動和知識，轉化成製作苔蘚小物的養分，在「KOKEIRO」品牌商店販賣。她說「我的創作契機，來自我想把苔蘚的神祕與美麗隨身攜帶」。經過多次失敗嘗試，吉田小姐已經可以不用真的苔蘚，就能以獨創的手作技巧，憑空做出栩栩如生的刺繡和鋼絲作品。就連苔蘚熱愛者，都對她細緻的做工品質為之驚嘆，好評如潮。

這個立體圖鑑附 12 種苔蘚，可以玩物種分類的遊戲。裡面的苔蘚都以手工刺繡或鋼絲做成。

她在 Mosslight-LED 裡擺放漂流木和溶岩石，再加入手作的苔蘚小物，做成獨特的生態瓶。裡面有緣邊走燈苔、東亞萬年苔和暖地大葉苔等超過 9 種苔蘚。

連非主流的地錢和蛇蘚，也被做成多種作品賞玩。右圖裡的 2 個流蘇，其中 1 個使用地錢染色（左），另 1 個則用蛇蘚染色做成（右）。她把染剩的苔渣和假根抄進和紙，做成地錢珠和蛇蘚珠，再串成耳環和項鍊。獨特的質感相當搶眼。

胸針、耳環等各種手作苔蘚首飾。

石倉良信先生
（約16年 苔蘚經驗）

在都會夾縫求生的苔蘚，
充滿令人著迷的生命力

石倉先生以演員為主業，一邊演戲一邊從事苔蘚活動。

「某次在大型居家雜貨量販店，偶然找到苔蘚的材料包，就是我初遇苔蘚的經驗。本來是要買來幫楓樹盆栽造景用的，沒想到才一星期就乾枯了。我為了挽救它拚命地搜尋對策，結果卻看到『苔蘚死不了』的說法，令我驚訝不已！照著上面所寫，我持續幫苔蘚澆水後，它真的完美地復活了。原本在矮處襯托主角（楓樹）的臨時演員，竟然頑強地躍升為配角（苔蘚），不禁讓我和自己的演員身分產生共鳴，而這分鼓勵也成為我的一大轉機」。

之後，他發揮自己出色的手藝，開啓多采多姿的苔蘚活動。

專屬都市的苔蘚散步行程

因為演員工作性質的關係，石倉先生經常走訪以前沒去過的地方。「我為了遇見苔蘚，常想著要不要繞路走看看，這種邊想邊走的感覺，為我的生活營造小小的冒險感。我很期待和它們相遇，因為一旦錯過可能就再沒機會了」。在公寓角落、街道兩旁、水溝蓋上、都市的縫隙或人人踐踏的地方，經常有苔蘚現蹤。他說，每當看見它們長在這種嚴苛的環境裡，都會深受感動與鼓舞，心想「你居然有辦法住在這裡嗎？實在太酷了！」

在熙來攘往的都市角落，可以看到苔蘚默默地生長著，還能在水溝蓋的洞口看到它們現蹤。不知道是不是因為不用根生長，所以如此頑強呢……。這些在在都讓人感受到苔蘚旺盛的生命力。

貼身陪伴的手作苔蘚配件

「我太喜歡苔蘚了，希望它們隨時都能陪著我！」抱持這個初衷，石倉先生開始創作「苔蘚的共生配件」。擅長手工藝的他，發揮創意打造讓苔蘚可以久活的共生配件，如戒指、手機殼和項鍊等獨創作品。不僅愛好苔蘚的夥伴，連路人經過都忍不住回頭多看一眼，可見這些飾品的完成度之高。

他用來栽培苔蘚生態瓶的葡萄酒櫃。因為原本的層板依葡萄酒瓶形狀做成波浪狀，並不適合擺放一般容器，所以他還為此客製層板，連小細節都不馬虎。

這個戒指上刻有「NO MISS NO LIFE」的字樣，據說他配戴時，曾在電車上被外國旅客搭訕，就為了詢問他在那裡買的。另外，他也會在手機殼貼上木皮並種植苔蘚（左圖），而且每當換手機就會重新製作，現在使用的已是第 3 代手機殼。

活用葡萄酒櫃，只為擺放苔蘚

「我家是屋齡超過五十年的木造房屋，每到夏天就會酷熱不已，苔蘚看起來也病懨懨的」。為此，擁有許多自製生態瓶經驗的他，選擇葡萄酒櫃做為苔蘚的棲身之地。其靜音設計、不會太冷又比冰箱便宜等優點，是他最後決定購買的原因。不過唯一的缺點是光照量不夠，所以他再外接自製的 LED 燈，為苔蘚們打造了舒適的環境。

藤井久子小姐
（約1年 苔蘚經驗）

透過苔蘚旅行和講座，
向苔友圈傳遞自己的世界觀

藤井小姐的工作是編輯和作者，屬自由業者。

自從到屋久島和八岳進行苔蘚體驗後，她就開始著手調查，才發現原來生活周遭也充滿
各式各樣的苔蘚。藤井小姐被它們豐富的種類和獨特的生態深深吸引，
遂於 2011 年發表《苔蘚是朋友》（Little More 出版）一書。
此外，她在 2017 年發行的《苔蘚圖鑑》（家之光協會出版），
更堪稱是最適合新手的入門讀物，也是觀察苔蘚時必備的人氣書籍。
藤井小姐除了舉辦苔蘚觀察會、演講會和各種活動，
還經常專程踏上尋苔之旅，可說是精力充沛。這次特別專訪她，
聽聽她以獨特的視角解說苔蘚活動的宣傳內容。

她從 2013 年時開始創作，至今已連續 8 年。2020 年版以繽紛的苔蘚為主題，1 月時在臺灣拍攝了冬季的泥炭苔。據說她因為這 1 張照片靈光乍現，當即決定了 12 個月分的照片內容。

邁向第八年的自創「苔蘚月曆」

藤井小姐很想要苔蘚的主題月曆，但從來沒有在市面上看過，索性自己動手
製作了起來。她向可能有相同喜好的苔友們詢問，以限量的形式開始販賣。
「苔蘚在每個季節都會展現獨一無二的姿色，因此她每年都會從拍攝好的相
片中，選取 12 張充分展現季節感的照片」。從五年前開始，她改為先設定當
年主題再選照片的模式，比如 2020 年版便是以「繽紛的苔蘚！」為題。她
說每到 2 月左右，就會開始對明年的選題感到焦急。

和苔蘚之友共享 「MOSS-T PROJECT」(※)

約六年前開始，她和擅長手工的苔友希望「做出苔蘚愛好者可以穿戴又實用的作品」，討論後決定做成苔蘚 T 恤。有時蹲在馬路旁用放大鏡觀察苔蘚，一不小心就被路人當成怪胎，為此她們在 T 恤正面印製苔蘚的插圖和說明，背面則印上「Just Looking For the MOSSES！（我在觀察苔蘚！）」的英文字樣，這樣不靠語言就能以背面說明狀況，可謂最大的亮點。

※藤井久子小姐和松本美津小姐，因為喜歡苔蘚展開的商品化計畫。

兒童尺寸也很受歡迎，可以體驗穿著親子裝一起觀察的樂趣。

藤井小姐也很愛穿苔蘚的 T 恤

在「尋苔之旅」賞苔，以講座增加談蘚的機會

原本就喜歡旅行的藤井小姐，因為深受苔蘚吸引，興起「到各地觀察苔蘚」的念頭。於是她經常事前蒐集相關資訊，展開名為尋苔之旅的遠征。同樣都是苔蘚，日本海側、太平洋側等不同地方，生長種類即因氣候環境而有所不同，因此唯有透過旅行親身體驗，才能欣賞當地特有的苔蘚風貌。藤井小姐出於興趣出版的苔蘚書籍，不但為自己帶來許多講座邀約，也讓她有機會暢談在旅途遇到的各種苔蘚。此外，走訪各地參加講座本身，也可以算是尋苔之旅的一部分。她說，「旅行和講座大大地打開了我的苔蘚世界觀。如今，在我提高對苔蘚關心的同時，我也很在意苔蘚被濫採的問題。往後我希望持續在防止濫採和保護苔蘚的活動上，盡自己的一分心力」。

應臺灣的愛苔朋友邀請，藤井小姐（圖右）到臺北近郊的宜蘭縣太平山進行尋苔之旅。可以看到日治時期用於開發的礦車軌道（上圖）已布滿苔蘚，留下歲月的痕跡。

適合附生 & 生態瓶的苔蘚一覽表

同為苔蘚，各個物種喜歡的環境和棲息地卻大不相同。
根據種類，有的容易附生在石頭上、有的不容易，有的適合用生態瓶栽培、有的不適合。以下依苔蘚種類，
介紹它們的附生容易度、在生態瓶內的栽培容易度以及購買容易度等特色。

符號的意義

附	…在生態瓶內的附生容易度（★愈多代表愈好附生）
培	…在生態瓶內的栽培容易度（★愈多代表愈好栽培）
購	…從商店等容易購買的程度

★★★★★	大型居家雜貨量販店、園藝店、水族商品店、苔蘚專賣店、網路商店等。
★★★★	大型園藝店、水族商品店、苔蘚專賣店、網路商店等。
★★★	水族商品店、苔蘚專賣店、網路商店等。
★★	苔蘚專賣店、網路商店等。

p.16

珠苔

附 ★★★★★
培 ★★★★
購 ★★★★

特色 柔軟觸感和溫暖的淺綠色讓它收穫許多人氣，主要在晚秋到春天間的寒冷季節生長。

p.19

大燄苔

附 ★★★★★
培 ★★★★★
購 ★★★★

特色 大燄苔在苔蘚中算大型種。由於它喜溼潤，因此在生態瓶中很好栽培，很推薦新手嘗試。

p.22

庭園白髮苔

附 ★★★★
培 ★★★★★
購 ★★★★★

特色 它長得矮矮地又很茂密，生命力旺盛。特色是葉子看起來有點白白的。

p.24

緣邊走燈苔

附 ★★★★★
培 ★★★★★
購 ★★★★

特色 這是種匍匐生長的苔蘚。它的葉子看起來晶瑩剔透，水滴附著後看起來閃閃發光，很是美麗。

p.26

大鳳尾苔

附 ★★★★★
培 ★★★★★
購 ★★★★

特色 它的形狀特殊，讓人聯想到鳳凰的羽毛。由於它喜溼潤，因此在生態瓶中很好栽培，也很推薦新手嘗試。

p.26

東亞孔雀苔

附 ★★★★
培 ★★★
購 ★★

特色 它的葉子就像孔雀開屏的扇狀羽毛，經常附生在岩石等介質上。

p.27

大葉苔

附 ★★★
培 ★★
購 ★★

特色 大葉苔的形狀像是撐開後的雨傘，從上俯看又像盛開的綠色花朵。

p.27

東亞萬年苔

附 ★★★
培 ★★
購 ★★★

特色 這是日本自生苔蘚中最大型的一種，會從地下莖長出新芽，藉此拓展棲息範圍。

小金髮苔
附 ★★★
培 ★★★
購 ★★★

特色 這種小型苔蘚經常長在公園、神社或寺院的土壤，是檜葉金髮苔的同伴，會密集生長。

疣葉白髮苔
附 ★★★★
培 ★★★★
購 ★★★

特色 新芽會呈現白色，看起來很有特色。它不會長成一團，多半一株株獨立生長。

節莖曲柄苔
附 ★★★★★
培 ★★★★
購 ★★★

特色 柔軟的觸感就像毛筆的筆尖，生長較慢，不會長到太大。

鞭蘚
附 ★★
培 ★★★★
購 ★★★

特色 鞭蘚的內側會長出鞭狀的枝條，獨特的形狀很有特色，適合在生態瓶生長。

地錢
附 ★★★
培 ★★★
購 ★★

特色 因為長得太快，經常被視為庭園的雜草。在它長出生殖器官的時期看起來很可愛。

蛇蘚
附 ★★★
培 ★★★
購 ★★

特色 蛇蘚的葉子表面布滿像蛇的鱗片，用手指輕搓會散發如松茸般的香味。

金髮苔
附 ★
培 ★★
購 ★★★★

特色 金髮苔經常用於日本庭園等造景，是檜葉金髮苔的同伴，喜歡充足的日照。

圓葉走燈苔
附 ★★★★★
培 ★★★★
購 ★★

特色 它比緣邊走燈苔大兩圈左右，會在溼氣較重的岩石或倒木上匍匐生長。

日本曲尾苔
附 ★★
培 ★★★★
購 ★★★★

特色 日本曲尾苔棲息在森林裡，如團簇般悠然地生長。因外觀像動物的尾巴而得其名。

羽苔
附 ★★★
培 ★★★★
購 ★★★★

特色 羽苔生長時呈墊狀，其葉子細分成微小的枝條，甚是美麗。

絹苔
附 ★★★
培 ★★★
購 ★★★

特色 絹苔會在岩石或倒木上匍匐生長，並覆蓋成一片。乾燥時葉子會帶有光澤感。

泥炭苔
附 ★
培 ★★★
購 ★★★

特色 泥炭苔主要生長在潮溼地，喜歡溼潤的環境。由於它不易長假根，因此較難附生。

商店清單

來這裡買苔蘚和苔蘚生態瓶！

- ❶ 地址　❷ 電話號碼　❸ 營業時間　❹ 休假日　❺ 網址

PROTOLEAF GARDEN ISLAND玉川店

- ❶ 〒158-0095　東京都世田谷區瀨田2-32-14
玉川高島屋S‧C　GARDEN ISLAND內2F
- ❷ 03-5716-8787
- ❸ 10:00～20:00
- ❹ 年中無休（元旦除外）
- ❺ http://www.protoleaf.com/

ozaki FLOWER PARK

- ❶ 〒177-0045　東京都練馬區石神井臺4丁目6-32
- ❷ 03-3929-0544
- ❸ 9:00～20:00（冬季～19:00）
- ❹ 全年無休（1／1、2日，2月第1個星期二除外）
- ❺ https://ozaki-flowerpark.co.jp/

阪田種子　GARDEN CENTER橫濱

- ❶ 〒221-0832　神奈川縣橫濱市神奈川區桐畑2
- ❷ 045-321-3744
- ❸ 10:00～18:00
- ❹ 星期三（國定假日除外。3、4、5月無休）
- ❺ https://www.sakataseed.co.jp/gardencenter/

BOTANICAL LOUNGE　西武池袋本店

- ❶ 〒171-8569　東京都豐島區南池袋1-28-1
西武池袋本店7F
- ❷ 03-5949-2566
- ❸ 10:00～21:00（星期日、國定假日～20:00）
- ❹ 全年無休

BOTANICAL LOUNGE　SOGO橫濱店

- ❶ 〒220-0011　神奈川縣橫濱市西區高島2-18-1
SOGO橫濱店6F
- ❷ 045-465-2111（分機：3813）
- ❸ 10:00～20:00
- ❹ 年中無休

MULBERRY GARDEN

① 〒330-9559　埼玉縣埼玉市大宮區吉敷町4-263-6
　 COCOON CITY COCOON3、1F
② 048-778-8734
③ 10:00～21:00
④ 年中無休
⑤ https://mulberry-garden.jp/

Green Gallery Gardens

① 〒192-0362　東京都八王子市松木15-3
② 042-676-7115
③ 10:00～20:00（星期二為10:00～17:00）
④ 年中無休（元旦、結算日除外）
⑤ http://www.gg-gardens.com/

GREEN JAM

① 〒343-0015　埼玉縣越谷市花田4-9-18
② 048-971-8767
③ 10:00～18:00
④ 星期三，每月第2、第4個星期四
⑤ https://www.greenjam.jp/

名古屋園藝

① 〒460-0005　愛知縣名古屋市中區東櫻2-18-13
② 052-931-8701
③ 9:00～19:00
④ 年中無休
⑤ http://nagoyaengei.co.jp/

Reconnel　新宿MYLORD店

① 〒160-0023　東京都新宿區西新宿1丁目1-3
　 新宿MYLORD　馬賽克通
② 03-3349-5627
③ 10:00～21:00
④ 不定休（新宿MYLORD休館日）
⑤ http://www.landflora.co.jp/shop/r_mylord.html

苔蘚生態瓶專賣店　道草 michikusa

① （無實體店面，僅線上販賣）
⑤ https://www.kokenomori.com/

國家圖書館出版品預行編目（CIP）資料

苔療癒！苔蘚生態瓶 DIY/ 道草 michikusa，石河英作 ；
幸瑋庭翻譯．— 初版．—
臺中市：晨星出版有限公司，2023.06
　面； 　公分．—（自然生活家；49）
譯自：魅せる苔テラリウムの作り方
ISBN 978-626-320-401-0（平裝）

1.CST: 苔蘚植物 2.CST: 觀賞植物

378.2　　　　　　　　　　　112001985

詳填晨星線上回函
50 元購書優惠券立即送
（限晨星網路書店使用）

 自然生活家049

苔療癒！苔蘚生態瓶 DIY

魅せる苔テラリウムの作り方

作者	石河英作
審定	楊嘉棟
主編	徐惠雅
執行主編	許裕苗
版面編排	許裕偉
封面設計	季曉彤

創辦人	陳銘民
發行所	晨星出版有限公司
	台中市 407 工業區三十路 1 號
	TEL：04-23595820　FAX：04-23550581
	E-mail：service@morningstar.com.tw
	http：//www.morningstar.com.tw
	行政院新聞局局版台業字第 2500 號
法律顧問	陳思成律師
初版	西元 2023 年 06 月 06 日
讀者專線	TEL：（02）23672044 /（04）23595819#212
	FAX：（02）23635741 /（04）23595493
	E-mail：service@morningstar.com.tw
網路書店	https://www.morningstar.com.tw
郵政劃撥	15060393（知己圖書股份有限公司）
印刷	上好印刷股份有限公司

定價　420　元

ISBN　978-626-320-401-0

MISERU KOKE TERRARIUM NO TSUKURIKATA by Hidesaku Ishiko
Copyright © Hidesaku Ishiko 2020
All rights reserved.
Original Japanese edition published by Ie-No-Hikari Association, Tokyo.

This Complex Chinese edition is published by arrangement with Ie-No-Hikari
Association, Tokyo
in care of Tuttle-Mori Agency, Inc., Tokyo, through jia-xi books co ltd, New Taipei
City.